Erfolgreiche Webtexte

Sabrina Kirnapci

Erfolgreiche Webtexte

Online-Shops und Webseiten
inhaltlich optimieren

mitp

Bibliografische Information der Deutschen Nationalbibliothek
Die Deutsche Nationalbibliothek verzeichnet diese Publikation in der Deutschen
Nationalbibliografie; detaillierte bibliografische Daten sind im Internet über
<http://dnb.d-nb.de> abrufbar.

Bei der Herstellung des Werkes haben wir uns zukunftsbewusst für umweltverträg-
liche und wiederverwertbare Materialien entschieden.
Der Inhalt ist auf elementar chlorfreiem Papier gedruckt.

ISBN 978-3-8266-9084-6
1. Auflage 2011

www.mitp.de
E-Mail: kundenbetreuung@hjr-verlag.de
Telefon: +49 89 / 2183 -7928
Telefax: +49 89 / 2183 -7620

Lektorat: Sabine Schulz
Sprachkorrektorat: Anja Hanten
Coverbild: © janaka Dharmasena – fotolia.de
Satz: III-satz, Husby, www.drei-satz.de
Druck: Beltz Druckpartner GmbH und Co. KG, Hemsbach

Inhaltsverzeichnis

Einleitung

E.1   Über das Buch

Wenn Sie über Ihre Webseite Kunden gewinnen oder Produkte verkaufen wollen, kommen Sie um gute Webtexte nicht herum. Ich
schreibe bewusst »Webtexte«, denn nicht jeder gute Text ist auch ein
guter »Webtext«. Selbst wenn Sie schon seit Jahren erfolgreich in der
Werbung oder im Marketing tätig sind, Firmenbroschüren, Pressemitteilungen, Fachartikel und Ratgeber schreiben, müssen Sie komplett
umdenken, wenn Sie Texte für das Internet verfassen. Gedruckte
Texte und Webtexte sind allenfalls entfernt miteinander verwandt.

Sie werden erstaunt sein, was Sie mit Webtexten alles bewirken können, wenn Sie das Leseverhalten im Internet berücksichtigen, die richtigen Worte wählen und die Inhalte so verfassen, dass die Besucher
zufrieden sind und die Suchmaschinen automatisch wichtige Keywords für die Einordnung der Seite in den Index erhalten. Ein Hinweis für diejenigen, die sich mit der Suchmaschinenoptimierung
(SEO) beschäftigen: Das Thema »Webtexte« beschränkt sich nicht darauf, die Sätze mit Keywords zu versehen. SEO ist ein wichtiger
Bestandteil des Webtextes, aber eben nur ein sehr kleiner.

Das erste Kapitel dieses Ratgebers beschäftigt sich mit dem Leseverhalten im Internet und dem optischen Aufbau guter Webtexte. Im
zweiten Kapitel erfahren Sie, wie Sie ein Produkt- oder Dienstleis-
tungsprofil erstellen, Ihre Zielgruppe ermitteln, die Anliegen Ihrer
Besucher herausfinden und den richtigen Ton treffen. Anhand
anschaulicher Beispiele erhalten Sie in den Kapiteln 3 und 4 Tipps zu
den wichtigsten Kriterien eines Webtextes, zur Wahl der Überschrif-

ten und zum inhaltlichen Aufbau eines Textes. Eigenschaften wie Einfachheit, Anschaulichkeit, Glaubwürdigkeit und Stil werden im Kapitel 5 beim *Feinschliff der Texte* erläutert.

Nachdem die Erstellung der Basistexte für Webseiten in Kapitel 6 abgeschlossen ist, machen wir mit den Pressemitteilungen fürs Web in Kapitel 7 einen Exkurs in den Bereich Online-PR. Sie erhalten in diesem Kapitel außerdem Praxistipps für Blogtexte und Meldungen in den sozialen Netzwerken. Shopbetreiber erfahren, wie sie mit Kategorietexten und Produktbeschreibungen den Umsatz ankurbeln können. In Kapitel 8 und 9 geht es um die redaktionelle Suchmaschinenoptimierung und den Linkaufbau durch gute Texte. In Kapitel 10 erfahren Sie, auf was Sie achten sollten, wenn Sie Webtexte kaufen möchten. Texter profitieren in Kapitel 11 und 12 von der Zusammenstellung kostenloser Texter-Tools und nützlicher Formeln.

Ich hoffe, dieses Buch hält einige Tipps für Sie bereit, mit denen Sie Ihre Webtexte aufpolieren können. Viel Erfolg für Ihre Webprojekte...

Sabrina Kirnapci

E.2 Häufige Textfehler auf Webseiten

Es gibt bestimmte Regeln, die man beim Texten fürs Internet einhalten sollte. Hier sind nicht nur die Rechtschreibregeln gemeint, sondern zahlreiche Details, die das Auffinden der Webseite, das Lesen und das Verstehen einfacher machen.

Was passiert, wenn diese Regeln nicht eingehalten werden? Am einfachsten erhalten Sie einen Eindruck davon, wenn Sie die häufigsten Fehler betrachten, die Webmaster im Bezug auf den Text machen.

Abb. E.1: Bei `http://www.philosophieverstaendlich.de/` wird der Besucher mit einem langen Textblock empfangen, der im Gegensatz zum Titel der Seite steht.

Zu viel Text

Der Besucher dieser Webseite sieht nichts als Text. Die Wand aus Wörtern schreckt ab, denn wer hier eine Information finden möchte, braucht Zeit und Konzentration. Möglicherweise beinhaltet der Text das, was der Besucher gesucht hat, aber nur wenige Internetnutzer machen sich die Mühe, Informationen aus Textfluten zu filtern.

Zu wenig Text

Startseiten wurden früher gerne mit einem Intro bestückt. Ein kurzer Film, ein Bild, ein »Herzlich willkommen«, verbunden mit der Bitte einzutreten. Doch eine Webseite ist kein Ladengeschäft und der Internetnutzer ist ungeduldig.

Wenn sich Informationen hinter Einstiegsfilmen verbergen, verliert der Besucher schnell die Geduld. Wenn Informationen zu spärlich gesät sind, findet der Leser sich nicht auf Anhieb zurecht und verschwindet ebenfalls.

Abb. E.2: Wenn der Besucher bei http://www.malerbruder.de auf »Über uns« klickt, gelangt er auf diese Seite mit großem Bild und zwei Sätzen Text. Dass sich links in der Navigation weitere Menüpunkte geöffnet haben, wird der User zunächst nicht sehen. Er glaubt, der Malermeister hat nur zwei Sätze zur Firma geschrieben.

Keine Chance für Suchmaschinen

Eine Webseite, die fast ausschließlich aus Bildern besteht oder nichts als einen Film enthält, ist für die Suchmaschine beinahe unsichtbar. Das bedeutet: Die Suchmaschine kann keine Informationen auslesen und die Seite nicht in den Index einordnen. Das wiederum heißt, dass Suchmaschinen-Nutzer die Seite nicht als Surf-Vorschlag angezeigt bekommen.

Wenn die Webseite zwar Text, aber keine wichtigen Suchbegriffe enthält, tritt ein ähnlicher Effekt ein. Bei Suchanfragen wird sie nicht auf der Ergebnisliste bei Google und Co. erscheinen. Ihre Webseite wird nicht gefunden.

Abb. E.3: Die Startseite von `http://www.dmb-metall.de/`: Der Text ist zusammen mit dem Hintergrund als Bild eingestellt. Für die Suchmaschine ist der Text unsichtbar und auch der Besucher erhält erst Informationen, wenn er erneut klickt.

Rechtschreibung und Grammatik

Da im Internet jeder Texte veröffentlichen kann, ist es immens wichtig, auf der Webseite Vertrauenswürdigkeit und Kompetenz zu vermitteln, damit der Besucher überhaupt Interesse am Angebot hat. Wenn die Texte auf der Seite vor Rechtschreibfehlern strotzen oder sich Grammatikfehler durch die Sätze ziehen, entsteht ein laienhafter Eindruck.

Auch wenn im Internet die Rechtschreibung arg gebeutelt wird und man den Eindruck erhält, dass sie den Nutzern nicht besonders wichtig ist, sollten gerade kommerzielle Webseiten auf korrekte Orthographie und Grammatik achten, um die Seriosität des Angebots zu unterstreichen.

Dies gilt übrigens nicht nur für die Webseite selber, sondern auch für alle anderen Texte, die Sie im Namen eines Unternehmens oder eines Dienstleisters im Internet hinterlassen – etwa in Form von Kommentaren oder Foreneinträgen.

Die häufigsten Fehler:

- das statt dass
  Der Lesefluss wird massiv unterbrochen, wenn nach dem Komma oder am Anfang eines Satzes ein »falsches DAS/DASS« auftaucht. Die genaue Regel zur Schreibweise können Sie in jedem Rechtschreibratgeber (auch online) nachlesen. Als Eselsbrücke können Sie sich Folgendes notieren: Wenn das »das« nach dem Komma NICHT durch welcher/welche/welches ersetzt werden könnte, wird es mit Doppel-S (dass) geschrieben.
- Multiple Satzzeichen
  Wenn Sie gleich mehrere Satzzeichen hintereinander verwenden (!!!, ???), wirkt das ausgesprochen unseriös. Schlimmer noch: Der Besucher könnte sich so fühlen, als ob er angeschrien würde. Vermeiden Sie diese Art, Ihren Sätzen Nachdruck zu verleihen und arbeiten Sie lieber mit starken Worten!

- Groß- und Kleinschreibung
Insbesondere in Foren und Kommentaren sieht man häufig Texte, die komplett klein oder groß geschrieben sind. Selbst wenn Sie das schick finden oder als Ausdruck von Individualität ansehen, sollten Sie es vermeiden. Texte in reiner Groß- oder Kleinschreibung lassen sich sehr schlecht lesen. Texte in reiner Großschreibung wirken darüber hinaus so, als wollten Sie BRÜLLEN.

- Plenken und Klempen
Setzten Sie Leerzeichen nur dorthin, wo sie auch hingehören. Wenn Sie beispielsweise vor Satzzeichen ein Leerzeichen einfügen, irritiert das den Leser. Selbst wenn er die Rechtschreibregeln nicht kennt, ist das Bild ungewohnt und bringt ihn aus dem Konzept. Werden Leerzeichen dorthin gesetzt, wo sie nicht hingehören, nennt man das Plenken. Das Gegenteil (Klempen) sollten Sie ebenfalls vermeiden. Wenn Sie nach einem Satzzeichen kein Leerzeichen machen, wird der Lesefluss ebenfalls unterbrochen.

Falsches Wort, falsche Wirkung

Wir wissen, was Sie wollen!

Dieser Satz soll Kundenorientierung und Kompetenz ausstrahlen. Da der Texter jedoch die Wirkung der Worte nicht bedacht hat, könnte etwas ganz anderes suggeriert werden. Der Leser könnte sich angegriffen oder vielleicht sogar bedroht fühlen.

Es wird ein großes WIR aufgebaut, das dem Nutzer als Einzelperson (Sie) entgegen steht. Schlimmer noch: Das WIR weiß, was der Besucher will. Das klingt eher nach Bevormundung als nach Verständnis, denn der Besucher ist anonym auf der Seite und der Anbieter kann ihn gar nicht kennen. Das Ausrufezeichen hinter dem Satz verstärkt den Eindruck. Besondere Vorsicht ist bei Formulierungen wie »Sie müssen« oder »Sie sollten« geboten.

Auch andere Formulierungen wirken unterschwellig. Wenn Sie beispielsweise Wörter gebrauchen, die negativ belegt sind, wirkt das nach.
Beispiel:

*Mit unserem Service können Sie ohne Probleme Sicherheitskopien
auf Ihrem Computer anlegen.*

In diesem Satz kommen die Wörter »Probleme«, »Computer« und
»Sicherheitskopien« vor. In welchem Zusammenhang sie stehen, ist
bei der Gesamtwirkung egal, denn die Kombination reicht schon für
ein ungutes Gefühl. Vermeiden Sie die »Probleme« und schreiben Sie
besser:

*Mit unserem Service können Sie schnell und einfach Sicherheits-
kopien auf Ihrem Computer anlegen.*

Auch doppelte Wortbedeutungen können schnell zu einem falschen
Eindruck führen. Ein typisches Beispiel:

Bei uns gibt es die billigsten Outfits!

Da kann sich jeder seinen Teil denken. Viele Besucher werden sicher
schmunzeln.

Abb. E.4: Ein Eintrag auf www.pageballs.com

Kapitel 1

Der optische Aufbau von Webtexten

Haben Sie es sich schon einmal mit Ihrem Notebook auf dem Sofa gemütlich gemacht, eine Webseite aufgerufen und in aller Ruhe ganz entspannt Texte gelesen? Vermutlich nicht, denn obwohl wir täglich auf Computermonitore schauen, ist das Lesen am Bildschirm unangenehm. Es ist anstrengend und es macht keinen Spaß. Noch immer drucken viele Internetnutzer längere Artikel aus, um sie später in Ruhe zu lesen.

Das Internet ist ein enorm schnelles Medium, das uns von einer Webseite zur nächsten treibt und zu jedem Thema eine schier endlose Anzahl an Texten ausspuckt. Eine beschauliche Lese-Atmosphäre sieht anders aus. Auch wenn es dem Internetnutzer nicht immer bewusst ist, lässt er sich antreiben. Ein paar Sekunden auf einer Webseite und mit dem nächsten Klick geht es weiter auf der Reise durchs Netz.

Eine Webseite hat nur eine Chance, die Aufmerksamkeit des Lesers zu binden, und die ist ziemlich kurz. Sie dauert 5 bis 10 Sekunden. Schafft sie es nicht, in dieser Zeit zu überzeugen, ist der Besucher wieder weg und kommt höchstwahrscheinlich auch nicht wieder. Die Inhalte der Webseiten müssen sofort zum Ziel führen und den Besucher zur gewünschten Information weiterleiten.

Webtexte müssen sich deshalb inhaltlich und optisch von gedruckten Texten unterscheiden. Sie dürfen nicht anstrengen und nicht aufhalten und sie müssen gleichzeitig Informationen und Gründe zum Verbleib liefern.

1.1 Warum lesen Sie Webtexte?

Sie bekommen täglich unzählige Texte auf Papier zu lesen. Sie flattern Ihnen in Form von Werbebroschüren ins Haus, begegnen Ihnen als Zeitungen oder Zeitschriften, als Infomaterial oder Werbebrief. Unternehmen ködern Sie mit Überschriften, mit Reizworten, mit Fragen und mit spannenden Einleitungen. Sie erhalten Kundenmagazine, deren Inhalte sich mit den Produkten eines Unternehmens beschäftigen – mal werbend, mal informativ, mal unterhaltsam aufbereitet.

Als das Internet zum Massenmedium wurde, übertrugen Unternehmen und Journalisten eifrig die altbewährten Texte ins Web. Noch heute werden Image- und Werbebroschüren auf Start- und Unterseiten aufgeteilt und 1 zu 1 ins Netz gestellt. Doch hier funktionieren sie nicht.

Kein Wunder, denn die Texte sind für das Medium Internet schon im Ansatz falsch ausgerichtet. Was ist im Internet anders?

Eine Broschüre landet beim Empfänger im Briefkasten. Der Leser entscheidet, ob und welche Passagen er lesen möchte. Die langweilige Abhandlung über die Entwicklung des Unternehmens überblättert er einfach. Wenn ihn das Angebot grundsätzlich interessiert, schaut er, ob interessantere Seiten folgen, bevor er die Broschüre ins Altpapier gibt.

Im Internet jedoch kommt der Leser auf den Anbieter zu. Er hat ein ganz bestimmtes Anliegen und sucht nach Antworten und Lösungen. Er begegnet dem Webtext mit einer bestimmten Erwartung. Erfüllt der Text diese Erwartung nicht, ist er uninteressant.

Was haben Sie beispielsweise heute, gestern, letzte Woche im Internet gesucht?

Wahrscheinlich Informationen oder Produkte im weitesten Sinne. Oder Sie wollten etwas erledigen. Gibt es etwas Neues im sozialen Netzwerk? Wie schreibt man eigentlich gute Webtexte? Wo bekomme ich die Kamera günstiger? Gibt es einen Maler in der Stadt, der Stuck-arbeiten anbietet? Was schenke ich meinem kleinen Neffen zum Geburtstag? Welche Reiseziele bieten sich für die Herbstferien an? Wie ging das Fußballspiel gestern aus? Was muss ich mitbringen, wenn ich einen neuen Reisepass bei der Stadt beantragen will? Wo und wie kann ich den Zählerstand an den Energieversorger übermitteln?

Die Liste lässt sich beliebig ergänzen. Man kann sie auf einen Nenner bringen:

»Sie haben etwas Bestimmtes gesucht.«

Selbst wenn Sie auf den Seiten eines Online-Magazins »stöbern«, suchen Sie ganz konkret nach Nachrichten, die in Ihrem Interessens-gebiet liegen. Bei einer gedruckten Zeitschrift lassen Sie sich vielleicht dazu hinreißen, einen Artikel über Angelferien in norwegischen Fjor-den zu lesen, obwohl Sie noch nie in Ihrem Leben geangelt haben. Sie haben Zeit und auf dem Sofa ist es gerade so gemütlich.

Im Internet ist das anders. Sie durchsuchen die Startseite nach The-men, mit denen Sie sich gerne beschäftigen. Sie klicken eine Lieb-lingskategorie an oder nutzen die Suchfunktion. Den Bericht über die Angelferien bewerten Sie in Sekundenschnelle als »uninteressant«. Keine Zeit und keine Lust!

In Onlineshops verhält es sich ähnlich. Wenn Sie nach einem gravier-ten Ring für den Partner suchen, wird Sie das tolle Gartentrampolin im Shop nicht interessieren. Auch nicht, wenn es supergünstig ist und mit einer knackigen Überschrift lockt.

Der Internetnutzer klickt nicht irgendwelche Themen an, die ihm begegnen. Er sucht nach konkreten Informationen und lässt sich hier-bei ungern ablenken. Was nicht zum Anliegen passt, wird einfach aus-geblendet. Ausnahmen bestätigen die Regel. Grundsätzlich gilt jedoch: Der Besucher kommt mit einer Frage und möchte eine schnelle und deutliche Antwort.

1.2 Wie lesen Sie Webtexte?

Erinnern Sie sich noch an das letzte Buch, das Sie gelesen haben? Was haben Sie während des Lesens gedacht? Vermutlich waren Ihre Gedanken ganz bei der Sache. Sie haben sich auf die Sätze konzentriert und sind dem Textverlauf gefolgt. Sie haben »sequentiell« gelesen – also Wort für Wort und Satz für Satz.

Erinnern Sie sich noch an die letzte Zeitschrift, die Sie gelesen haben? Ich denke, Sie haben die Seiten kurz überflogen und nur die Passagen gelesen, die Sie interessant fanden. Sie haben »selektiv« gelesen.

Schriftsteller können sich also kreativ austoben, Spannungsbögen aufbauen, Geschichten ausschmücken, Handlungen detailliert beschreiben. Die Aufmerksamkeit der Leserschaft ist ihnen gewiss. Werbefachleute und Journalisten hingegen sind mit dem »Selektiven Lesen« der Zielgruppe vertraut und richten Publikationen schon lange darauf aus. Sie setzen die wichtigsten Aussagen nach oben und bringen die Leser durch Überschriften, Teaser und kleine Tricks zum Weiterlesen.

Und wie lesen Sie im Internet? Sie überfliegen die Seite und suchen eilig nach Stichworten oder Links. Sie hangeln sich im Zickzackkurs durch den Text und machen erst dort Halt, wo Begriffe stehen, die Sie gesucht haben. Sie lesen nicht einmal mehr selektiv, sondern scannen den Text in Sekundenschnelle nach bestimmten Informationen.

Landen Sie auf einer Seite, die Ihnen keine übersichtlichen Informationen bietet, sind Sie so schnell wieder weg wie Sie gekommen sind. Viel zu anstrengend! Die nächste Seite mit ähnlichem Angebot ist ja nur einen Klick entfernt.

Wenn Sie Erfolg mit Ihrer Webseite haben wollen, dürfen Sie den Leser nicht ausbremsen, sondern müssen ihn unmittelbar zur gewünschten Lösung durchschleusen. Texte, die nicht scannbar sind, vertreiben die Besucher.

Der Besucher einer Webseite möchte...

■ ... sofort finden, was er sucht.

■ ... verstehen, was er findet.

■ ... schnell handeln.

Sie sollten die Webtexte optisch und inhaltlich den Anliegen der Besucher und dem Leseverhalten im Internet anpassen, damit die User auf Ihrer Seite bleiben.

1.3 Texte zum Scannen

Bevor wir uns die Inhalte erfolgreicher Webtexte vornehmen, möchte ich Ihnen die wundersame Verwandlung eines Textblocks in einen luftigen, scanbaren Text vorführen. Als Zauberstab dient hierbei der optische Aufbau.

Damit der Effekt deutlich wird, ist der Beispieltext das reinste Kauderwelsch. Werbefachleuten wird »Lorem ipsum« ein Begriff sein. Für alle anderen: Es handelt sich um einen lateinischen Text, den Grafiker als Platzhalter benutzen, wenn die Texte für eine Publikation noch nicht fertig sind. Er wird »Blindtext« genannt.

Sie werden sehen, dass sich nach den Anpassungen ein Text ergibt, dessen Inhalt Sie auf Anhieb verstehen, ohne dass die lateinischen Worte ausgetauscht werden.

Eine Info noch vorab: Teilen Sie einen zusammenhängenden Webtext nicht auf mehrere Seiten auf. Auch dann nicht, wenn er ungewöhnlich lang ist. Selbst unerfahrene Internetnutzer wissen heute, dass man eine Seite scrollen kann. Der Klick auf die nächste Seite ist ein Hindernis, bei dem Sie einen großen Teil der Leser verlieren.

Wir nutzen im Beispiel einen kurzen Text, weil man Buchseiten so schlecht scrollen kann. Unser Textblock:

Sie sehen eine Mauer aus Worten. Keine Seltenheit im Internet! Aus genannten Gründen ist dieser Text überschaubar kurz. Auf Webseiten finden sich oft Textblöcke, die um ein Vielfaches länger sind. Der Leser kommt auf die Seite und prallt im übertragenen Sinne gegen diese Mauer. Eine Sackgasse! Er dreht um und macht sich aus dem Staub. Wir machen es dem Leser einfacher und zerschlagen diese Mauer.

1.3.1 Überschrift

Die Überschrift ist maßgeblich für einen Webtext. Sie wird zuerst gelesen, verrät das Thema und gibt dem Leser den entscheidenden Hinweis darauf, ob er im Text das Gesuchte findet. Die meisten Blog- und Content-Management-Systeme fragen die Überschrift beim Einstellen neuer Artikel ab. Deshalb wird sie selten vergessen. Bei der Gestaltung haben Sie jedoch Optionen, die Raum für Fehler lassen.

Für Überschriften gelten drei wichtige Regeln:

- Die Überschrift ist deutlich größer als der Fließtext.
- Die Überschrift ist einzeilig und besteht aus maximal 6 Wörtern.
- Farbige Überschriften fallen besser auf.

Sie können die Überschrift zusätzlich mit einem darüber liegenden Hinweis auf die Rubrik oder auf das Thema versehen. Dies bietet sich vor allem dann an, wenn Sie ein großes Themenangebot haben. Beispiel aus *Focus online*:

Kachelmann-Prozess
Schlammschlacht der Gutachter

Wir statten unseren Text mit einer großen, kurzen Überschrift aus:

Wie sollten Webtexte aufgebaut sein?

Lorem ipsum dolor sit amet, consectetuer adipiscing elit. Aenean commodo ligula eget dolor. Aenean massa. Cum sociis natoque penatibus et magnis dis parturient montes, nascetur ridiculus mus. Donec quam felis, ultricies nec, pellentesque eu, pretium quis, sem. Nulla consequat massa quis enim. Donec pede justo, fringilla vel, aliquet nec, vulputate eget, arcu. In enim justo, rhoncus ut, imperdiet a, venenatis vitae, justo. Nullam dictum felis eu pede mollis pretium. Integer tincidunt. Cras dapibus. Vivamus elementum semper nisi. Aenean vulputate eleifend tellus. Aenean leo ligula, porttitor eu, consequat vitae, eleifend ac, enim. Aliquam lorem ante, dapibus in, viverra quis, feugiat a, tellus. Phasellus viverra nulla ut metus varius laoreet. Quisque rutrum. Aenean imperdiet. Etiam ultricies nisi vel augue. Curabitur ullamcorper ultricies nisi. Nam eget dui. Etiam rhoncus. Maecenas tempus, tellus eget condimentum rhoncus, sem quam semper libero, sit amet adipiscing sem neque sed ipsum. Nam quam nunc, blandit vel, luctus pulvinar, hendrerit id, lorem. Maecenas nec odio et ante tincidunt tempus. Donec vitae sapien ut libero venenatis faucibus. Nullam quis ante. Etiam sit amet orci eget eros faucibus tincidunt. Duis leo. Sed fringilla mauris sit amet nibh. Donec sodales sagittis magna. Sed consequat, leo eget bibendum sodales, augue velit cursus nunc,

Sharing is sexy!

Ähnliche Artikel:

1.3.2 Einleitung

Haben Sie mit der Überschrift die Aufmerksamkeit des Besuchers geweckt, wird er zunächst die ersten Sätze anlesen. Stellen Sie deshalb eine Zusammenfassung an den Anfang des Webtextes. Heben Sie diese Zusammenfassung optisch hervor. Hier bietet sich die Fettschrift an. Sie können auch mit unterschiedlichen Farben arbeiten. Die Einleitung sollte maximal 3 Sätze lang sein.

Für eine noch bessere Übersichtlichkeit können Sie die Überschrift und die Einleitung durch einen Trennstrich optisch vom Fließtext abtrennen. Insbesondere Online-Zeitschriften mit ausführlichen Berichten verhindern so, dass der Leser vom langen Text abgeschreckt wird. Beispiele zur Abtrennung von Überschrift und Einleitung mit Trennstrich und Farbe finden Sie unter anderem bei *stern.de*.

Wir versehen unseren Textblock mit einer kurzen, fettmarkierten Einleitung, die vom Fließtext durch einen Absatz getrennt ist.

Wie sollten Webtexte aufgebaut sein?

Passen Sie die Texte auf Ihrer Seite dem Leseverahlten im Internet an! Der Besucher liest die Texte nicht, er scannt sie. Mit dem richtigen Textaufbau erreichen Sie eine optimale Scannbarkeit und halten die Leser auf der Webseite.

Lorem ipsum dolor sit amet, consectetuer adipiscing elit. Aenean commodo ligula eget dolor. Aenean massa. Cum sociis natoque penatibus et magnis dis parturient montes, nascetur ridiculus mus. Donec quam felis, ultricies nec, pellentesque eu, pretium quis, sem. Nulla consequat massa quis enim. Donec pede justo, fringilla vel, aliquet nec, vulputate eget, arcu. In enim justo, rhoncus ut, imperdiet a, venenatis vitae, justo. Nullam dictum felis eu pede mollis pretium. Integer tincidunt. Cras dapibus. Vivamus elementum semper nisi. Aenean vulputate eleifend tellus. Aenean leo ligula, porttitor eu, consequat vitae, eleifend ac, enim. Aliquam lorem ante, dapibus in, viverra quis, feugiat a, tellus. Phasellus viverra nulla ut metus varius laoreet. Quisque rutrum. Aenean imperdiet. Etiam ultricies nisi vel augue. Curabitur ullamcorper ultricies nisi. Nam eget dui. Etiam rhoncus. Maecenas tempus, tellus eget condimentum rhoncus, sem quam semper libero, sit amet adipiscing sem neque sed ipsum. Nam quam nunc, blandit vel, luctus pulvinar, hendrerit id, lorem. Maecenas nec odio et ante tincidunt tempus. Donec vitae sapien ut libero venenatis faucibus. Nullam quis ante. Etiam sit amet orci eget eros faucibus tincidunt. Duis leo. Sed fringilla mauris sit amet nibh. Donec sodales sagittis magna. Sed consequat, leo eget bibendum sodales, augue velit cursus nunc,

Sharing is sexy!

Ähnliche Artikel:

1.3.3 Absätze

Das beste Mittel, einen Textblock luftiger zu gestalten, ist der Absatz. Im Internet sollten Absätze maximal 8 Zeilen lang sein. Dies ist natürlich nur ein Richtwert. Jeder Absatz ist ein Sinnabschnitt. Ist der Gedankengang oder die Erläuterung länger, sind durchaus auch längere Textblöcke erlaubt. Halten Sie sich also nicht akribisch an diese Zahl.

Berücksichtigen Sie aber bereits beim Schreiben, dass die Sinnabschnitte nicht zu lang werden dürfen. Die Sinnabschnitte werden durch Leerzeilen voneinander getrennt.

Beim Blindtext in unserem Beispiel achten wir nicht auf Inhalte. Wir zerlegen den Textblock einfach in Absätze und teilen sie durch Leerzeilen voneinander ab:

Wie sollten Webtexte aufgebaut sein?

Passen Sie die Texte auf Ihrer Seite dem Leseverahlten im Internet an! Der Besucher liest die Texte nicht, er scannt sie. Mit dem richtigen Textaufbau erreichen Sie eine optimale Scannbarkeit und halten die Leser auf der Webseite.

Lorem ipsum dolor sit amet, consectetuer adipiscing elit. Aenean commodo ligula eget dolor. Aenean massa. Cum sociis natoque penatibus et magnis dis parturient montes, nascetur ridiculus mus. Donec quam felis, ultricies nec, pellentesque eu, pretium quis, sem. Nulla consequat massa quis enim. Donec pede justo, fringilla vel, aliquet nec, vulputate eget, arcu. In enim justo, rhoncus ut, imperdiet a, venenatis vitae, justo.

Nullam dictum felis eu pede mollis pretium. Integer tincidunt. Cras dapibus. Vivamus elementum semper nisi. Aenean vulputate eleifend tellus. Aenean leo ligula, porttitor eu, consequat vitae, eleifend ac, enim. Aliquam lorem ante, dapibus in, viverra quis, feugiat a, tellus.

Phasellus viverra nulla ut metus varius laoreet. Quisque rutrum. Aenean imperdiet. Etiam ultricies nisi vel augue. Curabitur ullamcorper ultricies nisi. Nam eget dui. Etiam rhoncus. Maecenas tempus, tellus eget condimentum rhoncus, sem quam semper libero, sit amet adipiscing sem neque sed ipsum.

Sharing is sexy!

Ähnliche Artikel:

1.3.4 Zwischenüberschriften

Unser Text wirkt jetzt nicht mehr wie eine Mauer. Das Auge findet aber trotz der Absätze noch keine Ankerpunkte. Um dem Leser beim Scannen, also beim Querlesen, Stationen zu bieten, fügen wir Zwischenüberschriften ein. Sie fassen einzelne Textabschnitte inhaltlich zusammen, so dass der Leser sofort einen Überblick über die Inhalte erhält.

In unserem Beispiel bekommt jeder Absatz eine Zwischenüberschrift. Bei längeren Texten können auch zwei oder mehr Absätze unter einer Zwischenüberschrift stehen. Hier kommt es abermals auf den Inhalt an. Die Zwischenüberschrift wird dann gesetzt, wenn ein neuer Aspekt, ein neues Unterthema, ein neuer Blickwinkel im Text auftaucht.

Wie sollten Webtexte aufgebaut sein?

Passen Sie die Texte auf Ihrer Seite dem Leseverahlten im Internet an! Der Besucher liest die Texte nicht, er scannt sie. Mit dem richtigen Textaufbau erreichen Sie eine optimale Scannbarkeit und halten die Leser auf der Webseite.

Lorem ipsum dolor sit amet, consectetuer adipiscing elit. Aenean commodo ligula eget dolor. Aenean massa. Cum sociis natoque penatibus et magnis dis parturient montes, nascetur ridiculus mus. Donec quam felis, ultricies nec, pellentesque eu, pretium quis, sem. Nulla consequat massa quis enim. Donec pede justo, fringilla vel, aliquet nec, vulputate eget, arcu. In enim justo, rhoncus ut, imperdiet a, venenatis vitae, justo.

Absätze machen den Text übersichtlicher

Nullam dictum felis eu pede mollis pretium. Integer tincidunt. Cras dapibus. Vivamus elementum semper nisi. Aenean vulputate eleifend tellus. Aenean leo ligula, porttitor eu, consequat vitae, eleifend ac, enim. Aliquam lorem ante, dapibus in, viverra quis, feugiat a, tellus.

Hervorhebungen dienen als Ankerpunkte

Phasellus viverra nulla ut metus varius laoreet. Quisque rutrum. Aenean imperdiet. Etiam ultricies nisi vel augue. Curabitur ullamcorper ultricies nisi. Nam eget dui. Etiam rhoncus. Maecenas tempus, tellus eget condimentum rhoncus, sem quam semper libero, sit amet adipiscing sem neque sed ipsum.

1.3.5 Hervorhebungen

Der Besucher beginnt gewöhnlich oben links bei der Überschrift mit dem Lesen. Anschließend überfliegt er im Zickzack den Text. Markieren Sie deshalb nun im Zickzack-Kurs wenige (!) wichtige Wörter fett. Beginnen Sie dabei rechts oben im Fließtext. Die fettmarkierten Wörter müssen deutliche Hinweise auf den Textinhalt liefern. Um es übertrieben auszudrücken: Es ist nicht sinnvoll, das Wort »und« zu markieren. Auch »lesen« oder »Internet« wären wenig aussagekräftig.

Insgesamt soll der Leser durch die fett markierten Wörter einen stichwortartigen Überblick über den Inhalt erhalten. Fettmarkierungen dienen außerdem der Suchmaschinenoptimierung. Nähere Infos hierzu erhalten Sie im entsprechenden Kapitel 8.2.2. »Wohin mit den Keywords?«.

Wie sollten Webtexte aufgebaut sein?

Passen Sie die Texte auf Ihrer Seite dem Leseverhalten im Internet an! Der Besucher liest die Texte nicht, er scannt sie. Mit dem richtigen Textaufbau erreichen Sie eine optimale Scannbarkeit und halten die Leser auf der Webseite.

Lorem ipsum dolor sit amet, consectetuer adipiscing elit. Aenean commodo ligula eget dolor. Aenean massa. Cum sociis natoque **kurze Einleitung** penatibus et magnis dis parturient montes, nascetur ridiculus mus. Donec quam felis, ultricies nec, pellentesque eu, pretium quis, sem. Nulla consequat massa quis enim. Donec pede justo, fringilla vel, aliquet nec, vulputate eget, arcu. In enim justo, rhoncus ut, imperdiet a, venenatis vitae, justo.

Absätze machen den Text übersichtlicher

Nullam dictum felis eu pede mollis pretium. Integer tincidunt. Cras dapibus. Vivamus elementum semper nisi. Aenean vulputate eleifend tellus. Aenean leo ligula, porttitor eu, consequat vitae, eleifend ac, enim. **Zwischenüberschriften einfügen** Aliquam lorem ante, dapibus in, viverra quis, feugiat a, tellus.

Hervorhebungen dienen als Ankerpunkte

Phasellus viverra nulla ut metus varius laoreet. Quisque rutrum. Aenean imperdiet. Etiam ultricies nisi vel augue. Curabitur ullamcorper ultricies nisi. Nam eget dui. Etiam rhoncus. **Wörter markieren** Maecenas tempus, tellus eget condimentum rhoncus, sem quam semper libero, sit amet adipiscing sem neque sed ipsum.

1.3.6 Bulletpoints, Aufzählungen, Tabellen

Insbesondere bei Ratgeber-Artikeln und bei Produktbeschreibungen können Sie die wichtigsten Aussagen des Textes oder die Vorteile und Features der Angebote noch einmal in Form von Bulletpoints zusammenfassen. Das hat den Vorteil, dass der Leser auf einen Blick sieht, was besonders wichtig ist. Bei Interesse an genauen Informationen zu einem Punkt wird er den entsprechenden Abschnitt im Text suchen. Vielleicht reichen ihm aber auch schon die Stichworte, etwa wenn er es besonders eilig hat.

Ganz wichtig: Bulletpoints und Aufzählungen sind nicht das Gleiche.

- Dies
- sind
- Bulletpoints

Sie werden benutzt, um wichtige Punkte aufzuführen.

1. Dies
2. ist eine
3. Aufzählung

Sie wird verwendet, wenn es um eine bestimmte Reihenfolge geht. Der Besucher soll also zuerst *dies (1.)*, dann *das (2.)* und schließlich *jenes (3.)* machen.

Auch wenn Sie den Unterschied zwischen Punkten und Zahlen in diesem Zusammenhang für sehr klein halten, ist er wichtig. Vieles läuft beim Lesen eines Textes unbewusst ab. So auch hier. Bei den Bulletpoints erwartet der Besucher automatisch eine Übersicht, bei den Zahlen eine Handlungsanweisung. Abweichungen davon sind vielleicht nicht tragisch, unterbrechen aber den Lesefluss und verwirren im ersten Moment.

Neben Bulletpoints und Aufzählungen können Sie für eine bessere Übersicht auch Tabellen in den Text einfügen. Manche Erklärungen sind etwas komplexer. Wenn Sie beispielsweise auf einem Reiseportal erläutern, bei welchem Hauttyp man wie lange in der Sonne bleiben kann und welcher Lichtschutzfaktor sinnvoll ist, sollten Sie nach einem allgemeinen Text unbedingt eine Tabelle einfügen. Hier kann der Leser gezielt die Information entnehmen, die für Ihn wichtig ist.

In unserem Beispiel fassen wir die wichtigsten Aussagen aus dem Text abschließend noch einmal in Form von Bulletpoints zusammen.

Wie sollten Webtexte aufgebaut sein?

Passen Sie die Texte auf Ihrer Seite dem Leseverahlten im Internet an! Der Besucher liest die Texte nicht, er scannt sie. Mit dem richtigen Textaufbau erreichen Sie eine optimale Scannbarkeit und halten die Leser auf der Webseite.

Lorem ipsum dolor sit amet, consectetuer adipiscing elit. Aenean commodo ligula eget dolor. Aenean massa. Cum sociis natoque **kurze Einleitung** penatibus et magnis dis parturient montes, nascetur ridiculus mus. Donec quam felis, ultricies nec, pellentesque eu, pretium quis, sem. Nulla consequat massa quis enim. Donec pede justo, fringilla vel, aliquet nec, vulputate eget, arcu. In enim justo, rhoncus ut, imperdiet a, venenatis vitae, justo.

Absätze machen den Text übersichtlicher

Nullam dictum felis eu pede mollis pretium. Integer tincidunt. Cras dapibus. Vivamus elementum semper nisi. Aenean vulputate eleifend tellus. Aenean leo ligula, porttitor eu, consequat vitae, eleifend ac, enim. **Zwischenüberschriften einfügen** Aliquam lorem ante, dapibus in, viverra quis, feugiat a, tellus.

Hervorhebungen dienen als Ankerpunkte

Phasellus viverra nulla ut metus varius laoreet. Quisque rutrum. Aenean imperdiet. Etiam ultricies nisi vel augue. Curabitur ullamcorper ultricies nisi. Nam eget dui. Etiam rhoncus. **Wörter markieren** Maecenas tempus, tellus eget condimentum rhoncus, sem quam semper libero, sit amet adipiscing sem neque sed ipsum.

Wichtige Punkte für bessere Scannbarkeit:

- Überschrift
- Einleitung
- Absätze
- Zwischenüberschriften
- Hervorhebungen
- Bulletpoints

1.3.7 Weiterführende Links

Für weiterführende Informationen zu einzelnen Themen oder zur Untermauerung von Aussagen durch externe Seiten fügen Sie nun noch entsprechende Links ein.

Wie sollten Webtexte aufgebaut sein?

Passen Sie die Texte auf Ihrer Seite dem Leseverahlten im Internet an! Der Besucher liest die Texte nicht, er scannt sie. Mit dem richtigen Textaufbau erreichen Sie eine optimale Scannbarkeit und halten die Leser auf der Webseite.

Lorem ipsum dolor sit amet, Überschrift consectetuer adipiscing elit. Aenean commodo ligula eget dolor. Aenean massa. Cum sociis natoque **kurze Einleitung** penatibus et magnis dis parturient montes, nascetur ridiculus mus. Donec quam felis, ultricies nec, pellentesque eu, pretium quis, sem. Nulla consequat massa quis enim. Donec pede justo, fringilla vel, aliquet nec, vulputate eget, arcu. In enim justo, rhoncus ut, imperdiet a, venenatis vitae, justo.

Absätze machen den Text übersichtlicher

Nullam dictum felis eu pede mollis pretium. Integer tincidunt. Cras dapibus. Vivamus elementum semper nisi. Aenean vulputate eleifend tellus. Aenean leo ligula, porttitor eu, consequat vitae, eleifend ac, enim. **Zwischenüberschriften einfügen** Aliquam lorem ante, dapibus in, viverra quis, Absätze feugiat a, tellus.

Hervorhebungen dienen als Ankerpunkte

Phasellus viverra nulla ut metus varius laoreet. Quisque rutrum. Aenean imperdiet. Etiam Hervorhebungen ultricies nisi vel augue. Curabitur ullamcorper ultricies nisi. Nam eget dui. Etiam rhoncus. **Wörter markieren** Maecenas tempus, tellus eget condimentum rhoncus, sem quam semper libero, sit amet adipiscing sem neque sed ipsum.

Wichtige Punkte für bessere Scannbarkeit:

- Überschrift
- Einleitung
- Absätze
- Zwischenüberschriften
- Hervorhebungen
- Bulletpoints

Setzten Sie die Links – wenn möglich – ebenfalls in einem Zickzack-Kurs, der dem der fettmarkierten Wörter entgegengesetzt ist. Links unterscheiden sich oft farblich von den anderen Wörtern oder/und sind unterstrichen. Sie fallen also auf. Zusammen mit den fettmarkierten Wörtern verteilen sich die Ankerpunkte fürs Auge so gleichmäßig über den Text. Beachten Sie auch hier, dass die mit Links unterlegten Wörter aussagekräftig sind.

Versehen Sie die Links unbedingt mit einem Linktitel. Der Titel erscheint, wenn das Wort mit dem Cursor berührt wird und verrät, wohin es beim Klick geht. Nähere Informationen hierzu erhalten Sie im Kapitel 8.2.2. »Wohin mit den Keywords?«.

1.4 Handlungsaufforderungen

Sie schreiben Ihren Webtext aus einem bestimmten Grund. Vielleicht wollen Sie durch die Veröffentlichung regelmäßige Leser gewinnen, etwas verkaufen oder die Besucher dazu animieren, einen Newsletter zu bestellen. Vielleicht wollen Sie, dass der Leser einen bestimmten Service nutzt oder dass er ein Feedback hinterlässt.

Der Leser wird jedoch nur selten von alleine handeln. Oft stehen unerfahrene Besucher sogar ratlos da, wenn nirgendwo steht, wie es nun weitergeht. Vor allem in Onlineshops eine schlechte Voraussetzung, um Bestellungen zu erhalten. Ich möchte nicht zu sehr ins Thema »Usabiliy« (Benutzerfreundlichkeit) eintauchen, nur so viel: Ein Bild mit einem Einkaufswagen bedeutet für unerfahrene Online-Shopper nicht zwangsläufig, dass sie darauf klicken müssen, um ein Produkt in den Warenkorb zu legen. Ein Sternchen im Formular bedeutet nicht unbedingt, dass es sich um ein Feld handelt, das sie ausfüllen müssen. Verraten Sie dem Besucher also immer auch in Form von einfachen Worten, was er als nächstes machen soll. Nehmen Sie ihn »an die Hand« und führen Sie ihn Schritt für Schritt weiter.

Mögliche Handlungsaufforderungen:

- Abonnieren Sie unseren Newsletter!
- Diskutieren Sie mit!
- Fordern Sie hier eine Produktprobe an!
- Bestellen Sie hier Produkt X!
- Nehmen Sie an unserer Umfrage teil!
- Besuchen Sie uns auf der Messe!
- Kontaktieren Sie uns!

Oder Sie bieten unter dem Text ähnliche Artikel zum Thema an, die den Besucher interessieren könnten und ihn auf der Seite halten. Wir setzen also unter unseren Beispieltext abschließend noch eine Handlungsaufforderung und fügen den entsprechenden Link mit Linktitel ein. Aus dem Textblock vom Anfang ist nun ein scanbarer Text geworden. Sie erkennen auf einen Blick, worum es geht, auch wenn Sie kein Wort Latein sprechen.

Wie sollten Webtexte aufgebaut sein?

Passen Sie die Texte auf Ihrer Seite dem Leseverahlten im Internet an! Der Besucher liest die Texte nicht, er scannt sie. Mit dem richtigen Textaufbau erreichen Sie eine optimale Scannbarkeit und halten die Leser auf der Webseite.

Lorem ipsum dolor sit amet, Überschrift consectetuer adipiscing elit. Aenean commodo ligula eget dolor. Aenean massa. Cum sociis natoque kurze Einleitung penatibus et magnis dis parturient montes, nascetur ridiculus mus. Donec quam felis, ultricies nec, pellentesque eu, pretium quis, sem. Nulla consequat massa quis enim. Donec pede justo, fringilla vel, aliquet nec, vulputate eget, arcu. In enim justo, rhoncus ut, imperdiet a, venenatis vitae, justo.

Absätze machen den Text übersichtlicher

Nullam dictum felis eu pede mollis pretium. Integer tincidunt. Cras dapibus. Vivamus elementum semper nisi. Aenean vulputate eleifend tellus. Aenean leo ligula, porttitor eu, consequat vitae, eleifend ac, enim. Zwischenüberschriften einfügen Aliquam lorem ante, dapibus in, viverra quis, Absätze feugiat a, tellus.

Hervorhebungen dienen als Ankerpunkte

Phasellus viverra nulla ut metus varius laoreet. Quisque rutrum. Aenean imperdiet. Etiam Hervorhebungen ultricies nisi vel augue. Curabitur ullamcorper ultricies nisi. Nam eget dui. Etiam rhoncus. Wörter markieren Maecenas tempus, tellus eget condimentum rhoncus, sem quam semper libero, sit amet adipiscing sem neque sed ipsum.

Wichtige Punkte für bessere Scannbarkeit:

* Überschrift
* Einleitung
* Absätze
* Zwischenüberschriften
* Hervorhebungen
* Bulletpoints

Weitere Tipps finden Sie im Ratgeber "Erfolgreiche Webtexte". Bestellen Sie hier oder direkt beim Verlag!

1.5   Satzlänge

In vielen Ratgebern liest man im Bezug auf die Satzlänge: Je kürzer, desto besser. Ich möchte das ein wenig relativieren, denn ein Text, der ausschließlich aus sehr kurzen Sätzen besteht, liest sich wie ein Übungstext für Schüler der ersten Klasse. Auf einer Webseite für Kinder mag das angemessen sein. Auf der Seite eines Unternehmens wirkt es laienhaft:

> *Wir bauen Häuser. Unsere Häuser sind günstig. Sie wählen ein Modell. Hierfür gibt es einen Katalog. Wir stellen das Haus auf. Unser Team besteht aus Fachleuten.*

Die Formel »Je kürzer, desto besser« geht also so nicht auf. Es ist richtig, dass Webtexte nicht unnötig lang sein sollten. Das gilt übrigens für **jeden** Text! Es ist aber durchaus erlaubt, anständige Satzgefüge mit Haupt- und Nebensätzen zu bilden. Als lockere Richtlinie kann man vielleicht sagen: Wenn der Satz im Web die 15-Wörter-Grenze überschreitet, wird es langsam kritisch. Prüfen Sie dann, ob er in zwei Sätze aufgeteilt werden kann.

Absolut richtig ist jedoch in diesem Zusammenhang:

- Alles, was für die Aussage des Satzes überflüssig ist, sollte gestrichen werden!

- Jeder Satz sollte nur einen Gedankengang enthalten.

Hier geht es aber weniger um eine optimale Satzlänge als vielmehr um die Verständlichkeit. Nähere Infos hierzu erhalten Sie im Kapitel 5.1. »Verständlichkeit«. Eine mögliche Orientierung bietet außerdem der Flesch-Wert, den Sie im Kapitel 12.1 »Der Flesch-Wert« vorgestellt bekommen.

1.6   Wortlänge

Im Internet müssen Wörter kurz sein! Noch eine Richtlinie, die im ersten Moment schlüssig klingt. Doch ganz so einfach ist es nicht. Wörter im Internet müssen in erster Linie verständlich sein. Es kommt hierbei nicht nur auf die Länge sondern auch auf die Anzahl der Silben und das Wort selber an.

Wörter, die aus **maximal zwei Silben** bestehen und dem allgemeinen aktiven Wortschatz entstammen, sind optimal fürs Web. Ein Beispiel:

Schlammschlacht = 2 Silben. Das Wort kennt jeder!
15 Buchstaben

Ähnlich lang ist folgendes Wort:

Dreiseitenkipper = 5 Silben. Beamtendeutsch für Schubkarre.
16 Buchstaben

Die beiden Wörter sind ungefähr gleich lang. Dennoch ist das eine einfach zu lesen und verständlich (Schlammschlacht), während das andere den Lesefluß bremst und ein dickes Fragezeichen hinterlässt.

Auch im Bereich der Wortlänge gibt es also keine pauschale Regel. Wenn Sie allerdings aus einem langen Wort problemlos zwei Wörter bilden können, sollten Sie es mit Blick auf die bessere Lesbarkeit machen. Oder trennen Sie die Wörter mit einem Bindestrich. Beispiele:

■ Personalausweisgebühr = Gebühr für den Personalausweis
■ Weißkohlsalat = Weißkohl-Salat

1.7 Zeilenlänge und Schriftgröße

Die Zeilenlänge lässt sich im Internet nicht durch »Wörter pro Zeile« oder »Anschläge pro Zeile« benennen. Wie viele Wörter oder Anschläge in eine Zeile passen, hängt von der Schriftgröße ab und die kann der Internetnutzer im Browser individuell einstellen. Sie können hier allenfalls mit der Programmierung gegensteuern und beispielsweise eine »elastische Seite« erstellen. Sie arbeitet mit einem relativen em-Wert, der die Seite der Schriftgröße anpasst. Außerdem können Sie festlegen, wie viel Prozent der Gesamtbreite für den Fließtext genutzt werden soll. Grundsätzlich gilt:

Eine Zeile darf nicht zu lang sein, weil der Leser sonst den Anfang der nächsten Zeile aus den Augen verliert und schnell in der Zeile verrutscht. Ist die Zeile zu kurz, wird das Lesen ebenfalls mühsam, weil dann selbst relativ kurze Sätze über mehrere Zeilen laufen und kein Lesefluss in Gang kommt.

Nicht sehr hilfreich, diese Aussage? Dann probieren Sie es aus!

Auf der Webseite www.stichpunkt.de können Sie mit der Zeilenbreite, der Zeilenhöhe, der Schriftart und der Schriftgröße experimentieren. Wenden Sie sich anschließend mit Ihren favorisierten Werten einfach an einen Webdesigner oder einen Programmierer.

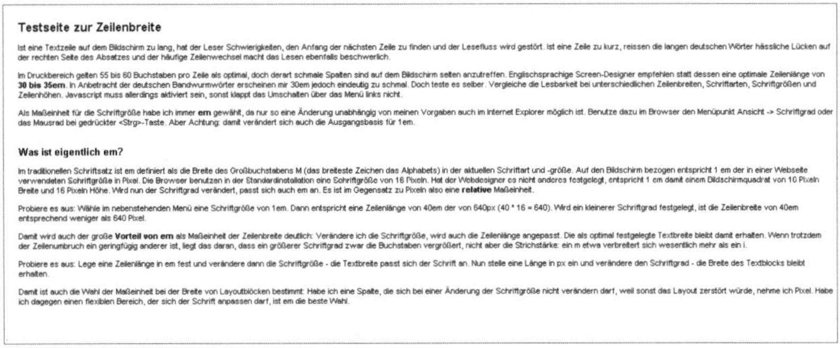

Testseite zur Zeilenbreite

Ist eine Textzeile auf dem Bildschirm zu lang, hat der Leser Schwierigkeiten, den Anfang der nächsten Zeile zu finden und der Lesefluss wird gestört. Ist eine Zeile zu kurz, reißen die langen deutschen Wörter hässliche Lücken auf der rechten Seite des Absatzes und der häufige Zeilenwechsel macht das Lesen ebenfalls beschwerlich.

Im Druckbereich gelten 55 bis 60 Buchstaben pro Zeile als optimal, sind auf dem Bildschirm selten anzutreffen. Englischsprachige Screen-Designer empfehlen statt dessen eine optimale Zeilenlänge von **30 bis 35em**. In Anbetracht der deutschen Bandwurmwörter erscheinen mir 30em jedoch eindeutig zu schmal. Doch teste es selber. Vergleiche die Lesbarkeit bei unterschiedlichen Zeilenbreiten, Schriftarten, Schriftgrößen und Zeilenhöhen. Javascript muss allerdings aktiviert sein, sonst klappt das Umschalten über das Menü links nicht.

Als Maßeinheit für die Schriftgröße habe ich immer em gewählt, da nur so eine Änderung unabhängig von meinen Vorgaben auch in Internet Explorer möglich ist. Benutze dazu im Browser den Menüpunkt Ansicht -> Schriftbreite oder das Mausrad bei gedrückter <Strg>-Taste. Aber Achtung: damit verändert sich auch die Ausgangsbasis für 1em.

Was ist eigentlich em?

Im traditionellen Schriftsatz ist em definiert als die Breite des Großbuchstabens M (das breiteste Zeichen des Alphabets) in der aktuellen Schriftart und -größe. Auf den Bildschirm bezogen entspricht 1 em in einer Webseite verwendeten Schriftgröße in Pixel. Die Browser benutzen in der Standardinstallation eine Schriftgröße von 16 Pixeln. Hat der Webdesigner es nicht anders festgelegt, entspricht 1 em damit einen Bildschirmquadrat von 16 Pixeln Breite und 16 Pixeln Höhe. Wird nun der Schriftgrad verändert, passt sich auch em an. Es ist im Gegensatz zu Pixeln also eine **relative** Maßeinheit.

Probiere es aus: Wähle im nebenstehenden Menü eine Schriftgröße von 1em. Dann entspricht eine Zeilenlänge von 40em der von 640px (40 * 16 = 640). Wird ein kleinerer Schriftgrad festgelegt, ist die Zeilenbreite von 40em entsprechend weniger als 640 Pixel.

Damit wird auch der große **Vorteil von em** als Maßeinheit für Zeilenbreite deutlich: Verändere ich die Schriftgröße, wird auch die Zeilenlänge angepasst. Die als optimal festgelegte Textbreite bleibt damit erhalten. Wenn trotzdem der Zeilenumbruch ein geringfügig anderer ist, liegt das daran, dass ein größerer Schriftgrad zwar die Buchstaben vergrößert, nicht aber die Strichstärke: ein m etwa verbreitert sich wesentlich mehr als ein l.

Probiere es aus: Lege eine Zeilenlänge in em fest und verändere dann die Schriftgröße - die Textbreite passt sich der Schrift an. Nun stelle die Länge in px ein und verändere den Schriftgrad - die Breite des Textblocks bleibt erhalten.

Damit ist auch die Wahl der Maßeinheit bei der Breite von Layoutblöcken bestimmt: Habe ich eine Spalte, die sich bei einer Änderung der Schriftgröße nicht verändern darf, weil sonst das Layout zerstört würde, nehme ich Pixel. Habe ich dagegen einen flexiblen Bereich, der sich der Schrift anpassen darf, ist em die beste Wahl.

Abb. 1.1: Eine lange Zeile, ein geringer Zeilenabstand und eine kleine Schriftgröße machen den Text schwer lesbar.

Empfehlung:

Zeilenbreite: 35em

Schriftart: Arial

Schriftgröße: 0,9em

Zeilenhöhe: 1,3em

Testseite zur Zeilenbreite

Ist eine Textzeile auf dem Bildschirm zu lang, hat der Leser Schwierigkeiten, den Anfang der nächsten Zeile zu finden und der Lesefluss wird gestört. Ist eine Zeile zu kurz, reissen die langen deutschen Wörter hässliche Lücken auf der rechten Seite des Absatzes und der häufige Zeilenwechsel macht das Lesen ebenfalls beschwerlich.

Im Druckbereich gelten 55 bis 60 Buchstaben pro Zeile als optimal, doch derart schmale Spalten sind auf dem Bildschirm selten anzutreffen. Englischsprachige Screen-Designer empfehlen statt dessen eine optimale Zeilenlänge von **30 bis 35em**. In Anbetracht der deutschen Bandwurmwörter erscheinen mir 30em jedoch eindeutig zu schmal. Doch teste es selber. Vergleiche die Lesbarkeit bei unterschiedlichen Zeilenbreiten, Schriftarten, Schriftgrößen und Zeilenhöhen. Javascript muss allerdings aktiviert sein, sonst klappt das Umschalten über das Menü links nicht.

Als Maßeinheit für die Schriftgröße habe ich immer **em** gewählt, da nur so eine Änderung unabhängig von meinen Vorgaben auch im Internet Explorer möglich ist. Benutze dazu im Browser den Menüpunkt Ansicht -> Schriftgrad oder das Mausrad bei gedrückter <Strg>-Taste. Aber Achtung: damit verändert sich auch die Ausgangsbasis für 1em.

Was ist eigentlich em?

Im traditionellen Schriftsatz ist em definiert als die Breite des Großbuchstabens M (das breiteste Zeichen das Alphabets) in der aktuellen Schriftart und -größe. Auf den Bildschirm bezogen entspricht 1 em der in einer Webseite verwendeten Schriftgröße in Pixel. Die Browser benutzen in der Standardinstallation eine Schriftgröße von 16 Pixeln. Hat der Webdesigner es nicht anderes festgelegt, entspricht 1 em damit einem Bildschirmquadrat von 16 Pixeln Breite und 16 Pixeln Höhe. Wird nun der Schriftgrad verändert, passt sich auch em an. Es ist im Gegensatz zu Pixeln also eine **relative** Maßeinheit.

Abb. 1.2: Der gleiche Text ist mit kurzer Zeile, größerem Zeilenabstand und größerer Schrift wesentlich besser am Bildschirm zu lesen.

1.8 Schriftart

Für die Darstellung von Webtexten müssen Sie sich im Grunde nur zwischen einer Serifenschrift und einer serifenlosen Schrift entscheiden. Sie haben kaum Einfluss darauf, wie die Seite letztlich angezeigt wird. Nicht jeder User hat alle verfügbaren Schriften (Fonts) installiert. Programmierer arbeiten daher mit Font-Gruppen und geben an, in welcher Reihenfolge die Schriftart abgefragt werden soll. Beispiel:

Font-Familie: Verdana, Arial, Helvetica, sans-serif

Das bedeutet, wenn Verdana nicht verfügbar ist, wird die Seite in Arial angezeigt. Schlägt das fehl, wird sie in Helvetica angezeigt und wenn alle drei Schriften nicht installiert sind, wird die Seite in der serifenlosen Schrift angezeigt, die verfügbar ist.

Sie können also einen Wunsch-Font angeben, müssen aber damit rechnen, dass die Seite dennoch in einer der Ersatzschriften angezeigt wird.

Serifenlose Schriften sind am Bildschirm wesentlich besser lesbar als die Serifenschriften, die mit kleinen Häkchen an den Enden der Buchstaben versehen sind.

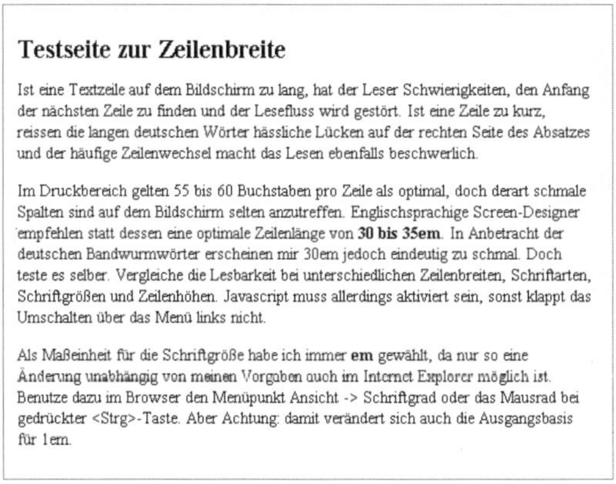

Testseite zur Zeilenbreite

Ist eine Textzeile auf dem Bildschirm zu lang, hat der Leser Schwierigkeiten, den Anfang der nächsten Zeile zu finden und der Lesefluss wird gestört. Ist eine Zeile zu kurz, reissen die langen deutschen Wörter hässliche Lücken auf der rechten Seite des Absatzes und der häufige Zeilenwechsel macht das Lesen ebenfalls beschwerlich.

Im Druckbereich gelten 55 bis 60 Buchstaben pro Zeile als optimal, doch derart schmale Spalten sind auf dem Bildschirm selten anzutreffen. Englischsprachige Screen-Designer empfehlen statt dessen eine optimale Zeilenlänge von **30 bis 35em**. In Anbetracht der deutschen Bandwurmwörter erscheinen mir 30em jedoch eindeutig zu schmal. Doch teste es selber. Vergleiche die Lesbarkeit bei unterschiedlichen Zeilenbreiten, Schriftarten, Schriftgrößen und Zeilenhöhen. Javascript muss allerdings aktiviert sein, sonst klappt das Umschalten über das Menü links nicht.

Als Maßeinheit für die Schriftgröße habe ich immer **em** gewählt, da nur so eine Änderung unabhängig von meinen Vorgaben auch im Internet Explorer möglich ist. Benutze dazu im Browser den Menüpunkt Ansicht -> Schriftgrad oder das Mausrad bei gedrückter <Strg>-Taste. Aber Achtung: damit verändert sich auch die Ausgangsbasis für 1em.

Abb. 1.3: Der Beipspieltext von `http://www.stichpunkt.de` in der Serifen-Schriftart Times.

Testseite zur Zeilenbreite

Ist eine Textzeile auf dem Bildschirm zu lang, hat der Leser Schwierigkeiten, den Anfang der nächsten Zeile zu finden und der Lesefluss wird gestört. Ist eine Zeile zu kurz, reissen die langen deutschen Wörter hässliche Lücken auf der rechten Seite des Absatzes und der häufige Zeilenwechsel macht das Lesen ebenfalls beschwerlich.

Im Druckbereich gelten 55 bis 60 Buchstaben pro Zeile als optimal, doch derart schmale Spalten sind auf dem Bildschirm selten anzutreffen. Englischsprachige Screen-Designer empfehlen statt dessen eine optimale Zeilenlänge von **30 bis 35em**. In Anbetracht der deutschen Bandwurmwörter erscheinen mir 30em jedoch eindeutig zu schmal. Doch teste es selber. Vergleiche die Lesbarkeit bei unterschiedlichen Zeilenbreiten, Schriftarten, Schriftgrößen und Zeilenhöhen. Javascript muss allerdings aktiviert sein, sonst klappt das Umschalten über das Menü links nicht.

Als Maßeinheit für die Schriftgröße habe ich immer **em** gewählt, da nur so eine Änderung unabhängig von meinen Vorgaben auch im Internet Explorer möglich ist. Benutze dazu im Browser den Menüpunkt Ansicht -> Schriftgrad oder das Mausrad bei gedrückter <Strg>-Taste. Aber Achtung: damit verändert sich auch die Ausgangsbasis für 1em.

Abb. 1.4: Der gleiche Text in gleicher Schriftgröße mit gleichem Zeilenabstand in der serifenlosen Schrift Arial. Er ist am Bildschirm wesentlich besser zu lesen.

Auf den meisten Webseiten werden die Texte in Arial oder in Verdana angezeigt. Diese beiden Schriftarten sind auf nahezu jedem PC installiert. Sie haben keine Serifen und sind auch bei kleinerer Schriftgröße gut lesbar. Wenn Sie auf der sicheren Seite sein wollen, entscheiden Sie sich am besten gegen Schrift-Experimente und nehmen Arial oder Verdana.

Typographen sind hier möglicherweise anderer Meinung. Sie argumentieren, dass die Schrift ein Stilmittel ist, mit dem die Atmosphäre der Seite visuell unterstrichen wird. So wirkt eine Schreibschrift auf einer Lyrikseite vielleicht gefühlvoller als eine kalte serifenlose Schrift. Dafür ist sie aber wesentlich schwieriger zu lesen.

Ich empfehle, das »Look and Feel« der Seite durch das Design und die Bilder zu erzeugen und bei der Schrift im Fließtext auf die Webstandards zurückzugreifen. Aber machen Sie sich selbst ein Bild davon, ob Sie zu Gunsten der Wirkung auf die leichte Lesbarkeit verzichten wollen:

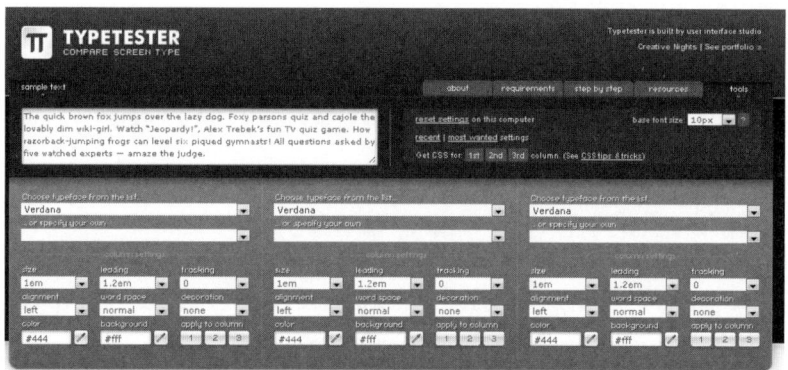

Abb. 1.5: http://www.typetester.org/

Auf dieser Seite können Sie nahezu alle Fonts in verschiedenen Größen mit unterschiedlichen Zeilenabständen, Farben und Hintergrundfarben testen. Im direkten Vergleich von drei Einstellungen nebeneinander sehen Sie auf Anhieb die Unterschiede.

Kapitel 2

Wie Sie den Leser ansprechen

Ein Verkäufer im Ladengeschäft sieht einen Kunden, schätzt ihn innerhalb von Sekunden ein und passt Inhalt und Ausdruck seiner Beratung individuell an. Dafür muss er noch nicht einmal besonders engagiert sein, denn das passiert automatisch.

Einem 16-jährigen, der ein neues Handy sucht, wird er beispielsweise die direkte Anbindung an Facebook und Twitter schmackhaft machen, während er dem Geschäftsmann im Anzug beim gleichen Handy die hervorragenden Organizer-Funktionen anpreist. Beim 16-jährigen ist die Bluetooth-Funktion super, weil man so mit dem entsprechenden Kopfhörer drahtlos Musik hören kann. Beim Geschäftsmann liegen die Vorteile derselben Bluetooth-Funktion darin, dass Adressen, Termine und Notizen kabellos auf den PC überspielt werden können. Auch die Ausdrucksweise des Verkäufers wird sich automatisch dem Gegenüber anpassen.

Bei Dienstleistungen verhält es sich ähnlich. Der Großunternehmer mit Villa wünscht sich vom Malermeister attraktive Wischtechniken, originalgetreue Stuckarbeiten oder ein mediterranes Flair. Der frisch gebackene Familienvater mit mittlerem Einkommen und Mietwohnung braucht ein günstiges Angebot und möchte schnell fertig werden. Dementsprechend fällt die Beratung aus.

Wichtig

Die Beispiele zeigen: Sie müssen zunächst wissen, mit wem Sie reden, bevor Sie die Texte für Ihre Webseite schreiben.

Es ist richtig, dass – je nach Angebot – ganz unterschiedliche Besucher auf Ihrer Webseite landen. Sie können nicht alle Kunden bei der Erstellung der Texte berücksichtigen. Die Bedürfnisse, Lebensumstände, Wünsche und Gewohnheiten sind zu unterschiedlich.

Konzentrieren Sie sich auf die Kundengruppen, von denen Sie sich am meisten versprechen. Einen ersten Hinweis gibt hier natürlich das Angebot selber. In einem Naturkosmetik-Shop werden garantiert mehr Frauen als Männer nach den Produkten schauen, während im Shop fürs Baugewerbe überwiegend Männer einkaufen. Wer Konsolenspiele verkauft, wird ein junges Publikum haben. Ein Sanitätshaus spricht eher ältere Leute an.

Auch Dienstleister finden Anhaltspunkte zu ihrer Zielgruppe. Haarverlängerungen und Permanent-Make-Up werden eher selten von Männern gewünscht. Bei Kfz-Reparaturen halten sich die Damen gerne zurück. Wer Bungee-Jumping anbietet, wird mit einer jüngeren Zielgruppe zu tun haben, während Wanderungen mit zünftigem Mittagessen eher der älteren Generation gefallen. Ein Pferdezuchthof mit prämierten Zuchtstuten und Zuchthengsten spricht die gut betuchte, ältere Zielgruppe an, ein kleiner Reiterhof mit Ponys Mittelschicht-Familien mit Kindern.

Finden Sie heraus, mit wem Sie auf Ihrer Webseite reden! Eine kleine Hilfe sind hier die soziodemographischen Daten (Geschlecht, Alter, Familienstand, Kinder im Haushalt, Schulabschluss, Beruf, Einkommen usw.), die Sie – falls vorhanden – aus den bestehenden Kundendaten filtern können. Wenn Ihnen diese Informationen nicht vorliegen, müssen Sie sich zunächst auf Ihre Erfahrung und Ihre Menschenkenntnis verlassen. Das Webseitenkonzept ist Ihnen hier im ersten Schritt eine große Hilfe, denn es richtet das Angebot bereits auf einen bestimmten Kundenkreis aus.

2.1 Webseitenkonzept auf Zielgruppen anpassen

2.1.1 Webseitenkonzepte für Onlineshops

Ein Anbieter will Kinderspielzeug im Internet verkaufen. Er geht davon aus, dass die Zielgruppe **alle** Leute sind, die Spielzeug für Kinder einkaufen wollen.

Klingt zunächst logisch. Allerdings kauft Mutter Susanne nur geprüftes Naturspielzeug, während Mutter Meike die Schnäppchenjagd, Shopping-Clubs und Aktionen liebt. Onkel Peter hat selber vier Kinder und kennt sich bestens aus, während der kinderlose Onkel Martin keine Ahnung hat, was er seinem vierjährigen Neffen schenken kann. Die konservative Oma Inge ist darauf bedacht, ihrer Enkelin pädagogisch wertvolles Spielzeug zu schenken, während die trendbewusste Oma Lotte auf angesagtes Markenspielzeug steht.

Sie merken es schon: Eine treffende Textgestaltung ist so kaum möglich. Machen Sie sich also zunächst Gedanken über die inhaltliche Ausrichtung Ihres Angebots. Für Onlineshops gibt es hier einige klassische Ansätze, auf die Sie zurückgreifen können:

- Preis
- Merkmale
- Erlebnis
- Service

Wir bleiben in unserem Beispiel und Grenzen die Zielgruppe des Spielzeug-Shops durch das Konzept ein. Wie sich das Konzept auf die Textgestaltung auswirkt, erfahren Sie im Verlauf dieses Kapitels.

Preis-Konzept

Sie verkaufen Kinderspielzeug zum kleinen Preis. Das Angebot richtet sich an Kunden, die besonders günstig einkaufen wollen. Shopdesign, Fotos und Texte werden auf den Schnäppchen-Charakter abgestimmt.

Fokus: Gut und günstig

Abb. 2.1: www.office-discount.de

Wortwelten fürs »Preis-Konzept«:

Preisvorteil, gratis, Schnäppchen, reduziert, Rabatte, Preisnachlass, kostenloser Versand, Restposten, Frühlingspreise, Sommerschnäppchen, günstiger, Preisknüller, Prozente, Zahlpause, sparen, Sparpreise, kleine Preise, supergünstig, Tiefstpreis, Preisgarantie

Produktmerkmale-Konzept

Sie verkaufen Naturspielzeug für Babys und Kinder. Das Angebot richtet sich an Leute, die großen Wert auf ungiftige Materialien, pädagogisch wertvolle Spielzeuge und den fairen Handel legen. Im Mittelpunkt stehen hier die Förderung des Kindes, Informationen über Materialien, Farben und Produktion.

Fokus: Natürlich, ethisch und pädagogisch wertvoll

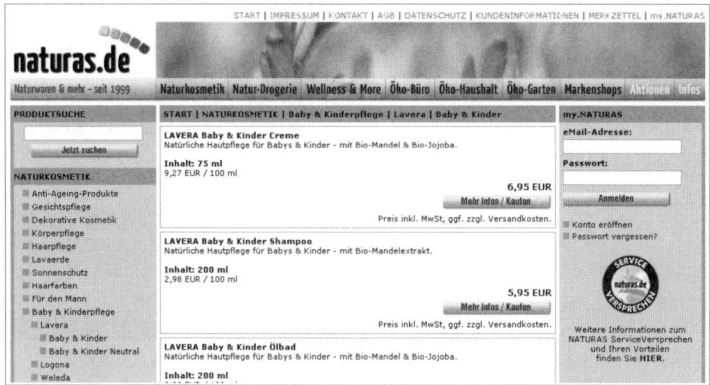

Abb. 2.2: www.naturas.de

Wortwelten fürs »Produktmerkmal-Konzept«:

Geprüfte Qualität, keine Tierversuche, kontrolliert, garantiert, Öko-Siegel, hochwertig, Bio, besonders, einzigartig, wertvoll, zertifiziert, Testergebnis, außergewöhnlich, renommiert, Inhaltsstoffe, sicher, Sicherheit, natürlich

Hinweis

Bei den Wortwelten für das Produktmerkmal-Konzept kommt es selbstverständlich auf Ihr Angebot an. Bei manchen Produkten steht die Sicherheit im Vordergrund, bei anderen die Originalität, die Exklusivität oder die besondere Ausstattung. Schreiben Sie sich Wörter auf, die speziell zu den Merkmalen Ihrer Produkte passen.

Erlebnis-Konzept

In Ihrem Shop werden die Kunden Teil einer Shop-Community. Sie veranstalten interaktive Aktionen und bieten den Shopkunden in Foren und Blogs die Möglichkeit zum Erfahrungsaustausch. Das Angebot richtet sich an interneterfahrene Besucher, die den Austausch mit anderen suchen. Design und Texte sind auf den Dialog und die Interaktivität ausgerichtet.

Fokus: Vorteile, Gewinn und Meinungsaustausch

Abb. 2.3: www.a-better-tomorrow.com

Wortwelten fürs »Erlebnis-Konzept«:

Community, Chat, Meinung, Forum, Erfahrungen, Austausch, Kommentare, Bewertungen, mitmachen, diskutieren, Wettbewerb, mitgestalten, dabei sein, Aktion, interaktiv, persönliche Einstellung, Kontakte knüpfen, Erlebnis, Testen, Umfrage, gewinnen, Mitglied, Vorteile

Service-Konzept

In Ihrem Shop werden Kunden, die nur wenig Erfahrung mit Kindern haben, ausführlich beraten. Sie machen Geschenkvorschläge für Kinder verschiedener Altersgruppen, veröffentlichen Tipps und Ratgeber und erklären, worauf die Kunden beim Kauf achten sollten. So finden junge Eltern schnell zum geeigneten Spielzeug für den Nachwuchs und auch der unerfahrenste Onkel findet ein passendes Geschenk für den Neffen. Design und Texte sind auf den Beratungscharakter ausgerichtet.

Fokus: Empfehlungen, Hilfe, Tipps für geeignete Produkte

Abb. 2.4: http://www.jako-o.de

Wortwelten fürs »Service-Konzept«:

Beratung, Service, Ansprechpartner, Fragen, Antworten, Tabelle, Hinweis, Tipps, Hilfe, helfen, unterstützen, Empfehlung, Infos, Informationen, Wissen, Rat, Lösungen, Aufklärung, Berichte, Angaben, das richtige Produkt, die richtige Größe, geeignet, Kundendienst, Mitarbeiter, fachkundig, erfahren

Hinweis

Natürlich sollte jeder Onlineshop auf eine positive Preiskommunikation achten, die Merkmale der Produkte herausstellen, Aktionen anbieten und beraten. Beim Konzept geht es um den Schwerpunkt, nicht um ausschließliche Inhalte.

Schreiben Sie sich Wörter auf, die im Zusammenhang mit Ihrem Konzept wichtig sind. Hierzu können Sie auf ähnlichen Seiten im Internet stöbern oder ein Synonym-Wörterbuch zur Hilfe nehmen.

Machen Sie sich eine Wortwelt-Liste für Ihr Angebot. Diese Liste können Sie nach und nach ergänzen und beim Texten als Anregung nutzen. An der Wortwelt sehen Sie außerdem, welche Themen in Ihrem Shop wichtig sind und somit ausführlich in Form von entsprechenden Texten behandelt werden sollten.

2.1.2 Webseitenkonzepte für Dienstleister

Betrachten wir das Konzept eines Dienstleistungsangebots. Wir nehmen einen Fotografen und passen sein Angebot verschiedenen Konzepten an.

Erlebnis-Fotografie

Der Fotograf richtet sein Angebot auf außergewöhnliche Foto-Erlebnisse aus. Er bietet den Kunden an, in historische Kostüme zu schlüpfen und für einen Tag zum Gaukler, zum König oder zur Rokoko-Dame zu werden. Er bietet Frauen in Zusammenarbeit mit einem Bodypainter Aufnahmen des bemalten Babybauchs als Andenken an die Schwangerschaft an. Er macht in Kooperation mit einem Falkner Shootings, bei denen die Kunden im Fantasy-Kostüm Falken oder andere Raubvögel halten. Das Angebot richtet sich an kreative, phantasievolle Kunden, die das Besondere lieben, und an Leute, die ein originelles Geschenk suchen (siehe Abbildung 2.5).

Fokus: Kreativität, Phantasie, Träume, Emotionen

Event-Fotografie

Der Fotograf bietet professionelle Aufnahmen von Live-Events an, etwa von Konzerten, Theateraufführungen oder Sportveranstaltungen. Das Angebot richtet sich an Zeitungen, Zeitschriften, Bands, Veranstalter, Verlage, Sponsoren und alle anderen Beteiligten, die Event-Fotos wirtschaftlich nutzen (siehe Abbildung 2.6).

Fokus: Erfahrung, Professionalität, Zuverlässigkeit, Equipment

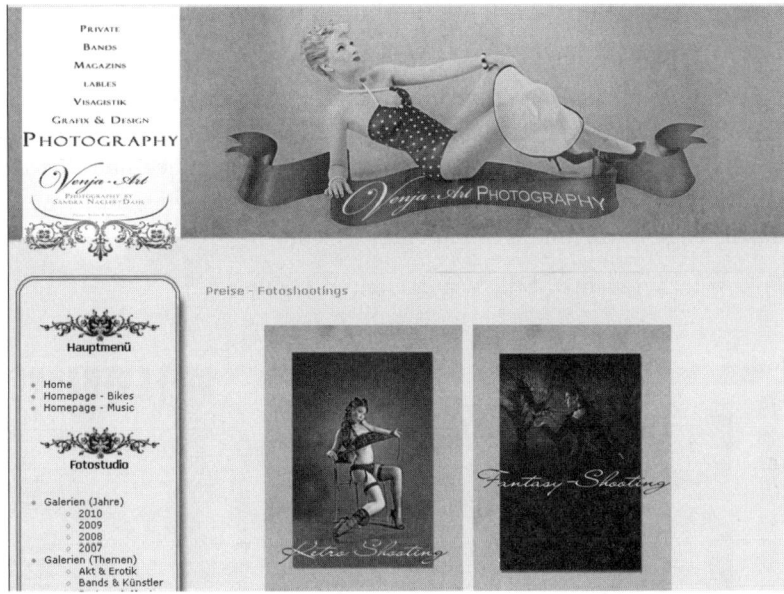

Abb. 2.5: http://www.venja-art.de

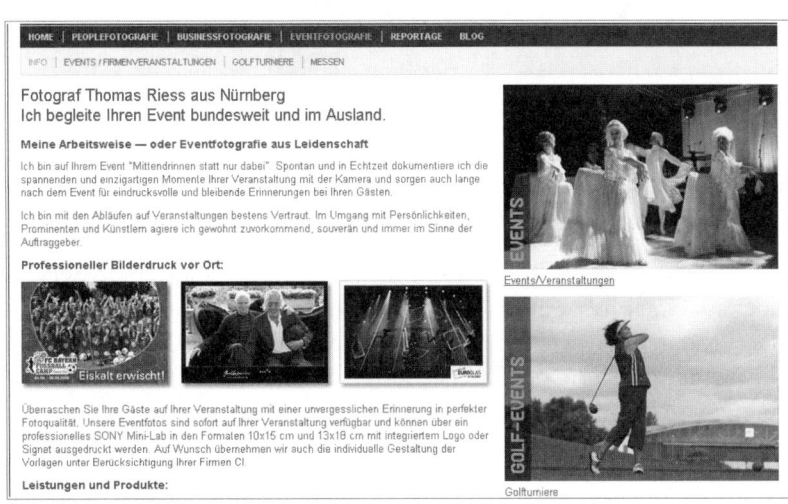

Abb. 2.6: www.photowerft.de

Fotografie als Kunstwerk

Der Fotograf macht künstlerische Landschaftsaufnahmen oder Portraits in unterschiedlichen Techniken und bietet seine Fotos als exklusive Einzelstücke oder in Form von Kunstdrucken, Postkarten, Postern und Kunstbänden an. Zielgruppen sind Fotografie-Interessierte, Kunstsammler oder Privat- und Geschäftsleute, die auf der Suche nach einzigartigem, stilvollem Wandschmuck sind.

Fokus: Individualität, Stil, Wandgestaltung, Kunst

Abb. 2.7: `http://stefanfranke.eu`

2.1.3 Webseitenkonzepte für Versicherungen und Finanzdienstleister

Wenn sich das Webseitenkonzept nicht auf einen bestimmten Service oder auf eine Nische ausrichten lässt, können Sie die Internetseiten auf die Produkte oder Dienstleistungen spezialisieren. Dies ist oft bei Finanzdienstleistern oder Versicherungen der Fall. Das Angebot ist umfangreich und die Zielgruppe für die Pflegeversicherung ist eine andere als die für die Auslandszusatzversicherung.

Gestalten Sie hier das Gesamtkonzept neutral/seriös und gehen Sie auf den Unterseiten auf die jeweilige Zielgruppe ein.

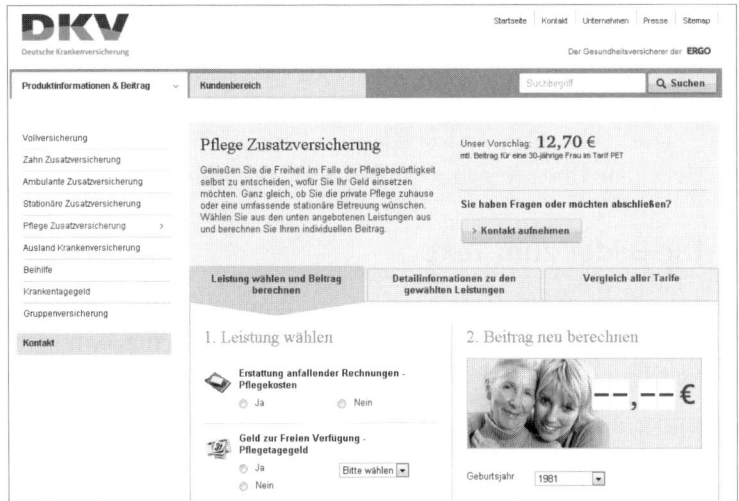

Abb. 2.8: Die Unterseite zur Pflegeversicherung der DKV – Der Rahmen ist neutral, Foto und Text der Unterseite sprechen die ältere Zielgruppe an.

Abb. 2.9: Die Unterseite zur Auslandskrankenversicherung der DKV – Bild und Text sprechen eine unternehmungslustige, reisefreudige, jüngere Zielgruppe an.

Wichtig

Vielleicht finden Sie auch ganz andere Ansätze, auf denen Sie die Werbung und die Kommunikation aufbauen können. Wichtig ist, dass Sie einen Schwerpunkt festlegen und anschließend die besonderen Merkmale Ihres Angebots ausbauen und kommunizieren.

2.1.4 Die Bilder zum Text

Das Konzept Ihrer Webseite wird nicht nur durch die Texte deutlich. Auch die Bilder unterstreichen die Ausrichtung des Angebots und geben sogar Hinweise auf die Zielgruppe.

So verwendet die DKV in unserem Beispiel (Abbildungen 2.1. und 2.2.) für die Pflegeversicherung das Foto einer älteren Dame, die liebevoll von einer jüngeren Frau umarmt wird. Das Bild drückt Fürsorge aus und spricht sowohl die ältere Generation an, die sich Zuwendung und Pflege wünscht, als auch die jüngere Generation, die sich um Eltern und Großeltern kümmern möchte. Bei der Auslandskrankenversicherung wählt die DKV – passend zum Angebot und zum Text – eine junge Frau im sommerlichen Outfit, die unbeschwert in die Kamera lächelt.

Bilder können und sollten also die Aussage des Textes unterstreichen. Außerdem lockern Sie den Textblock auf und erzeugen Stimmungen (Urlaub, Feiertage, Sicherheit, Gefühle).

Bilder dienen darüber hinaus als optische Beispiele für die textlichen Erklärungen, etwa, wenn Sie Anwendungsmöglichkeiten aufzeigen wollen, Projektbeispiele auflisten oder Gebrauchsanweisungen und Abläufe erläutern.

Hinweis

Man sagt nicht umsonst: »Bilder sagen mehr als tausend Worte.« Im Internet sollten die Texte möglichst kurz, prägnant und informativ sein.

Nutzen Sie also auf Ihren Webseiten unbedingt aussagekräftige oder stimmungsvolle Bilder, um Ausführungen zu unterstreichen, Emotionen zu wecken, Stimmungen zu erzeugen oder Details zu erläutern. Sie können sich dadurch einige Worte sparen, was dem Leseverhalten im Internet entgegen kommt.

2.2 Kunden-Steckbriefe / Personas

Wenn Sie das Webseitenkonzept betrachten, bekommen Sie bereits einen groben Eindruck von der Zielgruppe, die Sie mit Ihrem Angebot ansprechen. Möglicherweise hilft Ihnen dieser Gesamteindruck bereits bei der Formulierung passender Texte. Es gibt allerdings eine Möglichkeit, den abstrakten Kunden Gesicht und Persönlichkeit zu verleihen.

Fertigen Sie Steckbriefe der typischen Kunden an! In der Werbewelt werden diese Steckbriefe »Personas« genannt. Beim Formulieren der Texte können Sie diese Personas auf den Schreibtisch legen und die Personen direkt ansprechen. Der Steckbrief ersetzt im übertragenen Sinne den ersten Eindruck, den Sie in einem Ladengeschäft vom Kunden hätten. Er hilft Ihnen, automatisch den richtigen Ton zu treffen und die Anliegen der Kunden zu verstehen.

Wir spielen das Ganze an zwei Spielzeugshop-Konzepten durch. Der Schwerpunkt des Steckbriefs liegt auf dem Alltag mit den Kindern.

Wichtig

Die Vermutungen und Schlussfolgerungen treffen natürlich nicht auf jeden Besucher der Webseite zu. Wir versuchen lediglich, einen typischen Kunden zu entwerfen, um später seine Wünsche und Anliegen zu ermitteln. Anhand der wachsenden Kundendaten, Rückmeldungen und Umfragen können Sie nach und nach den »erfundenen« Kunden der Realität anpassen.

Zunächst schreiben wir also allgemeine Gedankengänge zum möglichen Kundenkreis auf. Wer kauft bei Ihnen ein und warum spricht ihn gerade dieses Webseitenkonzept an? Was verrät Ihnen der Einkauf auf Ihrer Seite über die Person?

Der günstige Spielzeugshop

Wer nach besonders günstigem Spielzeug schaut, kauft vermutlich für seine eigenen Kinder ein. Es sind überwiegend die Mütter, die mit dem Spielzeugkauf betraut werden. Wir können also davon ausgehen, dass es sich überwiegend um Frauen mittleren Alters (20-30 Jahre) handelt. Das Spielzeug soll dem Konzept des Shops gemäß besonders günstig sein. Die Gründe hierfür sind vielfältig. Der offensichtlichste Grund ist jedoch, dass kein allzu großes Haushaltsbudget zur Verfügung steht. Daraus könnte man schließen, dass die klassische Aufgabenteilung mit nur einem Einkommen vorliegt. In den meisten Fällen geht noch immer der Mann Vollzeit arbeiten, während die Frau sich um die Kinder und den Haushalt kümmert. Die Kundin muss Kinder und Haushalt managen und hat eventuell sogar noch einen Halbtagsjob. Sie wünscht sich robustes Spielzeug, mit dem sich die Kinder eine Zeitlang alleine oder miteinander beschäftigen können. Die Kundin wird außerdem nicht viel Zeit und Lust haben, sich Hintergrundinformationen durchzulesen. Sie braucht wenig Beratung und will schnell ans Ziel ihrer Suche kommen: Schnäppchen mit Qualität!

Wir entwerfen einen entsprechenden Steckbrief:

Name: Svenja Müller

Alter: 23 Jahre

Schulabschluss: Realschule

Ausbildung: Zahnarzthelferin

Aktueller Beruf: Hausfrau

Familienstand: Verheiratet mit Stefan (25, Dachdecker)

Kinder: Joshua (1 Jahre), Celine (3 Jahre)

Hobbys: Campingurlaub, Kochen, Lesen, Fernsehen

Lieblingsbuch: Twilight-Saga

Lieblingsmusik: PUR, Juli, Tokio Hotel

Lieblingsfilm: Harry Potter

Abb. 2.10: © Adam Borkowski – Fotolia.com

Tagesablauf:

Svenja weckt um 7 Uhr die Kinder und bereitet das Frühstück zu. Sie bringt mit Joshua die kleine Celine zum städtischen Kindergarten. Den Vormittag verbringt Svenja mit der Hausarbeit und/oder geht im Discounter einkaufen. Zwischen Putzlappen, Waschmaschine und Geschirr kümmert sich Svenja immer wieder um Joshua, der in der Wohnung spielt oder Kindersendungen im Fernsehen schaut.

Gegen 12 Uhr holt sie Celine ab und isst mit den Kindern zu Mittag. Während die Kleinen ihren Mittagsschlaf halten, bringt Svenja die Küche in Ordnung und nutzt die Zeit für ein wenig Erholung. Gegen 13 Uhr 30 sind die Kinder wieder wach und Svenja geht mit ihnen in den Garten oder spielt mit ihnen vor dem Haus. Hier klönt sie gerne mit den Nachbarn und trifft andere Eltern mit gleichaltrigen Kindern. Am späten Nachmittag wärmt Svenja das Essen für ihren Mann auf, der um 16 Uhr 30 von der Arbeit kommt. Die Kinder spielen derweil bis zum Abendbrot in der 3-Zimmer-Wohnung. Während Stefan sich noch ein wenig mit den Kindern beschäftigt, sie umzieht und ins Bett bringt, räumt Svenja die Küche und die Wohnung auf. Gegen 19 Uhr schlafen Joshua und Celine. Der Abend klingt vor dem Fernseher aus.

Bei Svenja und Stefan ist das Geld stets knapp. Sie gönnen sich trotzdem einmal im Jahr einen Campingurlaub und sparen dafür jeden Cent. Im Sommer grillen sie an den Wochenenden mit Freunden, gehen zu Veranstaltungen mit kostenlosem Kinderprogramm oder besuchen die Großeltern der Kinder. Joshua und Celine sind zu jeder Jahreszeit gerne und oft im Garten und spielen mit den Nachbarskindern.

Die Ansprache/Tonalität: Svenja Müller wird eine lockere, direkte Ansprache bevorzugen, die leicht verständlich und inhaltlich praxisorientiert ist. Eine gehobene Sprache mit vielen theoretischen Hintergrundinformationen ist für Svenja nicht alltäglich und wirkt so in Ihren Augen aufgesetzt und übertrieben. Würden Sie Svenja im Ladengeschäft bedienen, würden Sie sicher Preisvorteile herausstellen und auf die praktischen Eigenschaften der Produkte eingehen. Arbeitsentlastung, Haltbarkeit, gute Ergebnisse, schnelle Ergebnisse, Unterhaltung, Smalltalk.

Der Naturspielzeug-Shop

Wer in einem Naturspielzeug-Shop einkauft, beschäftigt sich ausgiebig mit Gesundheitsthemen, mit sozialen Themen und pädagogischen Konzepten. Wir können von einer höheren Bildung des Kundenkreises ausgehen. Eine höhere Bildung setzt eine längere Schullaufbahn voraus. In vielen Fällen mit anschließendem Studium. Die Kundin ist also etwas älter, vielleicht 30–35 Jahre. Naturspielzeug ist in der Regel teurer als die Billigangebote aus Plastik. Die Kundin stellt also Material und Eigenschaften über den Preis. Vermutlich muss sie nicht so sehr auf jeden Euro achten. Sie wird wahrscheinlich nur bestellen, wenn sie vom Material und pädagogischen Nutzen überzeugt ist.

Wir entwerfen einen Steckbrief:

Name: Andrea Wallis

Alter: 31 Jahre

Schulabschluss: Abitur/Studium

Beruf: Rechtsanwältin

Aktueller Beruf: Rechtsanwältin/halbtags

Familienstand: Verheiratet mit Dennis (35, Bauingenieur)

Kinder: Julia (2 Jahre) und Max (3 Jahre)

Hobbys: Reiten, Segeln, Feng Shui, Yoga

Lieblingsbuch: Das Leben ist ein Traum

Lieblingsmusik: Klassik, Jazz

Lieblingsfilm: Gandhi

Abb. 2.11: © Sylvia Zimmermann – Fotolia.com

Tagesablauf:

Andrea steht gegen 7 Uhr auf, frühstückt mit den Kindern. Die Haushälterin Natascha ist schon da und wird Julia und Max zum Waldorfkindergarten bringen, sie wieder abholen, kochen und die Kinder betreuen, bis Andrea gegen 14 Uhr von ihrem Halbtagsjob in der Kanzlei zurück ist.

An den Nachmittagen nimmt Andrea mit ihren Kindern an diversen Kursen teil: Schwimmen, Reiten, Musikschule, Turnen. Sie besucht mit den Kindern befreundete Mütter und geht im Bioladen einkaufen. Dennis kommt gegen 18 Uhr von der Arbeit. Sie bringen beide zusammen die Kinder ins Bett. Der Abend klingt mit einem Buch oder einer Flasche Wein und Gesprächen aus. Gelegentlich bestellen Andrea und Dennis einen Babysitter und gehen ins Theater oder zu Konzerten und Veranstaltungen.

Die Familie hat keine Geldsorgen, lebt in einem eigenen Haus und fährt an den Wochenenden mit den Kindern zum Segeln, macht Ausflüge in den Zoo oder den Freizeitpark. In ihrer Freizeit engagiert sich Andrea für den Umweltschutz und für soziale Projekte. Andrea und Dennis fahren zweimal im Jahr mit den Kindern ans Meer.

Ansprache/Tonalität: Andrea Wallis möchte sicher nicht zu vertraulich und locker angesprochen werden. Sie wird einen distanzierteren, gehoben Sprachstil bevorzugen und neben den praktischen Aspekten auch die Hintergrundinformationen erfragen. Im Ladengeschäft würden Sie ihr informativ und fachkundig begegnen, Aussagen belegen, Beweise in Form von Testergebnissen erwähnen und weniger auf den Preis als vielmehr auf die Qualität eingehen.

Hinweis

Entwerfen Sie am besten gleich mehrere Steckbriefe unterschiedlicher Personen. Auch wenn die Steckbriefe überwiegend auf Klischees und Vorstellungen basieren, wissen Sie beim Texten zunächst ungefähr, mit wem Sie sprechen. Wenn Sie genauere Informationen über Ihren Kundenkreis haben, können Sie die Steckbriefe anpassen. Sammeln Sie die Fragen zu den Produkten, die per Mail gestellt werden und werten Sie die Kundenmeinungen zu den Angeboten aus. Weitere Hinweise erhalten Sie beispielsweise mit einer Tracking-Software, die Ihnen verrät, über welche Suchbegriffe die User auf Ihre Seite gelangt sind. So entsteht mit der Zeit ein realistisches Bild davon, was die Kunden suchen, erwarten und worauf sie achten.

Nachdem Sie nun ein erstes Bild von Ihrem Gegenüber haben, müssen Sie noch wissen, worüber Sie eigentlich sprechen wollen. Über die Dienstleistungen und Produkte, klar! Aber dazu gibt es alles und nichts zu sagen. Webtexte müssen kurz sein und den Kern treffen. Sie können keine Romane schreiben, müssen die Informationen filtern und die Prioritäten festlegen.

Worüber sprechen Sie?

Betrachten Sie nun das jeweilige Produkt oder die Dienstleistung. Was sind die besonderen Merkmale des Angebots? Was kann der Kunde mit dem Angebot anfangen? Was unterscheidet das Produkt von ähnlichen Produkten? Bei Dienstleistungen: Warum sollte der Interessent bei Ihnen Kunde werden und nicht bei der Konkurrenz? Schreiben Sie die wichtigsten Stichworte zum Produkt auf.

Wenn Sie das Produktprofil erstellt haben, nehmen Sie die Steckbriefe zur Hand, die Sie erstellt haben. Stellen Sie sich vor dem Texten die Fragen, die die Kunden möglicherweise im Kopf haben.

Was würde Svenja Müller fragen, wenn sie Ihren günstigen Spielzeug-Betonmischer im Onlineshop sieht?

Ist das Auto stabil genug, um im Sandkasten zu überleben?

Wie dreht sich die Trommel? Eine Kurbel bricht sofort ab.

Wie bekomme ich das Auto sauber, wenn die Kinder Sand in die Trommel füllen?

Was fragt sich Andrea Wallis, wenn sie Ihr Designer-Spielzeugauto aus Holz und Naturfarben im Onlineshop sieht?

Welches Konzept steckt hinter dem Design?

Was für ein Holz? Holz welcher Herkunft?

Welche Naturfarben werden verwendet?

Berücksichtigen Sie die Fragen der Kunden bei der Texterstellung! Behalten Sie dabei im Hinterkopf, dass Leser im Internet vornehmlich Informationen suchen.

2.3 Das Anliegen des Besuchers

Sie haben einen typischen Kunden vor Augen. Sie haben Informationen zum Angebot notiert und Sie haben mögliche Fragen der Besucher zum Produkt oder zur Dienstleistung auf dem Zettel. Es fehlt nun noch ein Punkt: Das Anliegen/Bedürfnis der Besucher.

Mit dem Anliegen ist nicht etwa das Vorhaben, etwas zu kaufen oder eine Information zu finden, gemeint. Das Anliegen oder das Bedürfnis liegt hinter dem Offensichtlichen.

Warum sucht jemand einen Fotografen für ein Fantasy-Fotoshooting? Er möchte sich einen Traum erfüllen und einmal im phantasievollen Kostüm einen Falken halten. Das Foto soll an diesen Moment erinnern. Hier versteckt sich das Bedürfnis nach Selbstverwirklichung und Individualität. Oder der Kunde möchte einem lieben Menschen ein besonders persönliches Geschenk machen. Hier verbirgt sich der Wunsch nach Nähe, Liebe oder Partnerschaft. Warum sucht jemand nach einem pädagogisch wertvollen Spielzeug? Dahinter liegt der Wunsch, die Fähigkeiten des Kindes zu fördern und darunter liegt wieder der Wunsch, als Mutter oder Vater richtig zu handeln.

Auch hier gilt natürlich: Motive, Bedürfnisse, Anliegen sind so unterschiedlich wie die Leser, die Ihre Webseite besuchen. Sie können also immer nur mögliche Bedürfnisse eines typischen Kunden vom Webseitenkonzept und dem konkreten Angebot ableiten und beim Texten berücksichtigen.

Man muss nicht Psychologie studiert haben, um die Anliegen und Bedürfnisse der Besucher zu erkennen. Wer es dennoch wissenschaftlich angehen möchte, der kann die Modelle verschiedener Experten zu Rate ziehen.

Entsprechende Erörterungen finden Sie im Kapitel 12 »Nützliche Formeln«.

Auf Ihrem Notizzettel stehen nun Stichworte zu folgenden Punkten:

- Mit wem reden Sie?
- Worüber reden Sie?
- Welche Fragen hat der Besucher?
- Welche Anliegen/Bedürfnisse hat der Besucher?

Mit wem Sie reden, wirkt sich auf die Tonalität und die Wortwahl aus. Die Punkte, worüber Sie reden und welche Fragen beantwortet werden müssen, geben Ihnen Hinweise auf die Informationen, die der

Text beinhalten sollte. Wird das Bedürfnis des Besuchers im Text berücksichtig, ergibt sich eine emotionale Ansprache, die dem Besucher suggeriert, dass das Angebot genau das ist, was er gesucht hat.

Bevor es nun ans Texten geht, sollten Sie sich die Grundlagen guter Webtexte ins Gedächtnis rufen, damit Sie bei der Endkorrektur nicht so viel Arbeit haben.

Für eine passende Ansprache Ihrer Leser können Sie sich vor dem Texten eine kleine Checkliste machen:

Wie sehen typische Kunden für Ihr Angebot aus (Personas)?

- Wie würden Sie diese Kunden im Ladengeschäft ansprechen und beraten?

- Welchen Sprachstil würden Sie wählen?

- Was sind die markanten Eigenschaften/besonderen Merkmale des Produkts?

- Welche Fragen könnten die typischen Kunden (Personas) zum Produkt haben?

- Was ist das Anliegen/Bedürfnis für das Interesse an dem Produkt?

Mit den Stichworten der Checkliste und den Steckbriefen haben Sie die wichtigsten Ansätze für Tonalität und Inhalt der Texte beisammen.

Kapitel 3

Inhalte guter Webtexte

Das Internet bietet unendlich viel Platz für Text. Das verführt natürlich dazu, lang und breit das eigene Angebot zu erklären, Hintergründe zu erläutern und die unwichtigsten Details mit auf die Seite zu packen. Wenn Sie Webtexte schreiben, sollten Sie jedoch die unendlichen Weiten des Internets einfach ignorieren und so tun, als hätten Sie KEINEN Platz. Jedes Wort, das nicht unbedingt notwendig ist, muss weg, damit der Blick für die wichtigen Informationen frei bleibt.

3.1 Infos statt Werbung

Wer das eigene Surf- und Leseverhalten im Internet beobachtet, merkt schnell, dass er Werbung im Netz einfach ausblendet. Was zählt, sind Informationen! Wenn diese Informationen unterhaltsam und verständlich aufbereitet sind, wird eine Webseite interessant. Bei Floskeln oder aufdringlichen Sprüchen schwindet die Aufmerksamkeit.

Im Internet gilt: Der Schwerpunkt der Texte liegt auf der Information. Das bedeutet nicht, dass eine Webseite einem Lexikon gleichen muss, um die Aufmerksamkeit des Lesers zu binden. Je nach Thema und Textgenre darf ein Webtext ruhig locker, blumig oder flapsig geschrieben sein. Doch jeder Text wird um eine bestimmte Information herum aufgebaut, die der Leser sucht.

Alle inhaltslosen Satzhülsen, die einzig dazu dienen, den Anbieter ins gute Licht zu rücken, langweilen den Besucher innerhalb von Sekunden und laufen ins Leere. Erinnern Sie sich! Die Firmenbroschüre wird selektiv gelesen. Uninteressante Passagen werden überblättert. Im Internet verlässt der Leser die Seite und kehrt nicht zurück. Haben Sie jemals im Internet den folgenden oder einen ähnlichen Text interessant gefunden?

Herzlich willkommen auf unserer Webseite. Die Firma Klock & Söhne, ist seit über 30 Jahren bekannt für hervorragende Produktqualität im Bereich Inneneinrichtung. Unsere einzigartige Beratung, der zuverlässige Lieferservice und die fachkundige Montage begeistern unsere Kunden seit Jahrzehnten. Wir würden uns freuen, auch Sie bald zu unseren Kunden zählen zu dürfen.

Schauen Sie sich in Ruhe auf unseren Seiten um und lassen Sie sich von den Projekten und Angeboten inspirieren. Viel Spaß auf unseren Seiten!

Sämtliche Informationen dieses typischen Startseitentextes sind für den Besucher uninteressant. Er kann nicht erkennen, ob er hier die Information findet, die er sucht. Stattdessen wird er mit werbenden Worthülsen überschüttet. Das Gegenbeispiel für »Infos statt Werbung« könnte so aussehen:

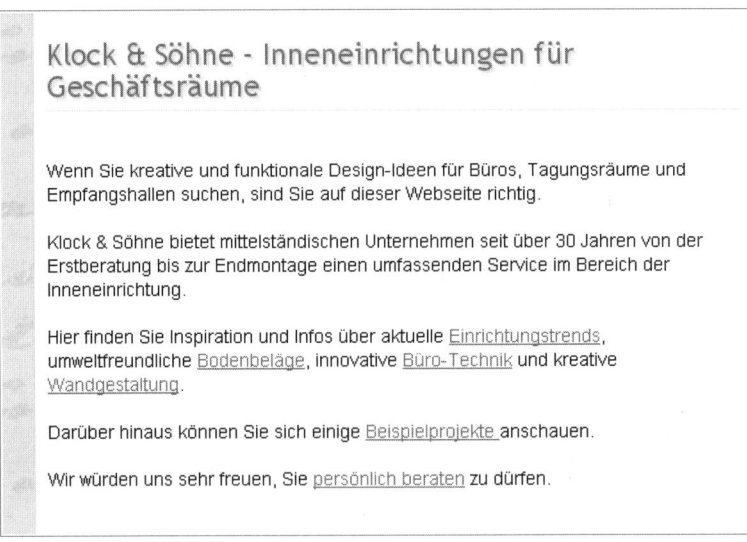

Klock & Söhne - Inneneinrichtungen für Geschäftsräume

Wenn Sie kreative und funktionale Design-Ideen für Büros, Tagungsräume und Empfangshallen suchen, sind Sie auf dieser Webseite richtig.

Klock & Söhne bietet mittelständischen Unternehmen seit über 30 Jahren von der Erstberatung bis zur Endmontage einen umfassenden Service im Bereich der Inneneinrichtung.

Hier finden Sie Inspiration und Infos über aktuelle Einrichtungstrends, umweltfreundliche Bodenbeläge, innovative Büro-Technik und kreative Wandgestaltung.

Darüber hinaus können Sie sich einige Beispielprojekte anschauen.

Wir würden uns sehr freuen, Sie persönlich beraten zu dürfen.

Dieser Text ist auf Informationen aufgebaut. Die unterstrichenen Wörter sind weiterführende Links zu den Unterseiten. Der Text beantwortet kurz und bündig die wichtigsten Fragen des Lesers. Bin ich hier richtig? Was macht das Unternehmen? An wen richtet sich das Angebot? Was finde ich auf dieser Webseite? Wo geht es mit konkreteren Informationen weiter? Wie kann ich Kontakt aufnehmen?

3.2   Sie statt Wir

Vielleicht ist Ihnen aufgefallen, dass der zweite Text nicht aus der Wir-Perspektive geschrieben ist. Das bedeutet, das Unternehmen tritt im Text in den Hintergrund und stellt das Anliegen des Lesers in den Mittelpunkt.

Ein enorm wichtiger Grundsatz guter Webtexte, denn hier wird deutlich, dass der Anbieter nicht selbstverliebt die eigenen Vorzüge anpreist, sondern die Fragen beantwortet, mit denen der Leser auf die Webseite kommt. Der Hintergrund wird deutlicher, wenn man die Situation auf ein Ladengeschäft überträgt.

Was würden Sie denken, wenn Sie mit einer konkreten Frage in den Laden kommen und der Berater erst einmal darüber berichtet, wie begeistert seit 30 Jahren sämtliche Kunden sind und was für Leistungen das Unternehmen bereits verbuchen konnte? Statt den Weg zum richtigen Regal (Bodenbeläge, Technik, Einrichtungstrends) zu weisen, schwadroniert der Berater über das unglaubliche Angebot und fordert Sie auf, sich in aller Ruhe im Laden umzusehen. Dann wünscht er Ihnen viel Spaß, lässt Sie mit Ihrer Frage im Raum stehen und verschwindet.

Sie würden kopfschüttelnd das Geschäft verlassen. Genau das passiert im übertragenen Sinne in unserem ersten Beispieltext. Das Unternehmen schreibt über sich selbst und vergisst den Besucher.

Ein guter Webtexter verlässt die Wir-Perspektive und versetzt sich in den Leser. Welche Fragen stellt sich der Besucher? Was bietet die Seite dem Leser? Wie gelangt er zu den Infos?

Wörter wie »Ich, Wir, Unser, Meiner« sollten weitgehend verschwinden und durch Formulierungen ersetzt werden, die den Nutzen für den Leser aufzeigen. Im Web sind selbstverliebte Unternehmenspräsentationen in Wir-Form unangebracht.

Hinweis

Eine Webseite dient dem Dialog mit dem Besucher. Wann immer es möglich und sinnvoll ist, sollten Sie den Besucher also direkt ansprechen. Ausnahmen bilden hier aber zum Beispiel News, Pressemitteilungen, Glossartexte und journalistische Artikel. Weitere Infos hierzu finden Sie im Kapitel 7 »Weitere Webtexte«.

3.3 Inhaltliche Struktur von Texten

Wenn man bedenkt, dass im Internet jeder Texte veröffentlichen kann, ist es nachvollziehbar, dass der Leser besonders skeptisch ist. Zu jeder Frage gibt es unzählige Antworten, die sich oftmals widersprechen. Außerdem ist es allgemein bekannt, dass sich gerade Unternehmen und Shops besonders vorteilhaft präsentieren und dabei mitunter übertreiben. Glaubwürdigkeit ist daher eine sehr wichtige Eigenschaft eines guten Webtextes.

Neben den Formulierungen, die einen Text überzeugender machen (Kapitel 5.3. »Glaubwürdigkeit«), trägt auch der inhaltliche Aufbau dazu bei, die Aussagen zu untermauern. Folgen Sie beim Texten dem Aufbau: Aussage-Begründung-Beweis. In unserem zweiten Beispieltext wurde dies bereits berücksichtigt.

Aussage: Wenn Sie Design-Ideen ... suchen, sind Sie hier richtig.

Begründung: Klock & Söhne ist seit 30 Jahren im Geschäft und kennt sich aus.

Beweis: Unterseiten zu speziellen Themen (Fachkompetenz) + Beispielprojekte

Hinweis

Ein Text muss nicht zwangsläufig mit einer Aussage beginnen. Wenn Sie aber irgendwo eine Behauptung aufstellen, sollten sie unbedingt prüfen, ob Sie auch eine Begründung geliefert haben. Wenn Sie eine Begründung geliefert haben, sollten Sie versuchen, einen Beweis beizufügen.

3.4 Kurz und deutlich

Webtexte dürfen nicht zu lang sein. Diesen Rat haben Sie sicher schon irgendwo gelesen. Er führt oftmals zu Verwirrung. Eine Nachricht ist naturgemäß kürzer als ein Blogeintrag und der Blogeintrag ist in den meisten Fällen kürzer als ein Ratgeberartikel. Wie lang darf ein Webtext denn nun sein? Er darf so lang sein, wie es nötig ist. Die Aussage »Kurz und deutlich!« bezieht sich nicht auf die Gesamtlänge sondern auf die einzelnen Gedankengänge und Aussagen. Weitere Infos hierzu finden Sie im Kapitel 5 »Feinschliff der Texte«.

3.5 Tech-Talk

Kundenservice und Vertrauensbildung sind für kommerzielle Anbieter enorm wichtig. Ein ausführlicher Servicebereich auf der Webseite, in dem mögliche Fragen rund um die Bestellung, den Versand und die Dienstleistungen erläutert werden, ist unentbehrlich. Wenn Sie die sorgfältig zusammengestellten Servicethemen allerdings hinter dem Menüpunkt »FAQ« verbergen, werden die meisten Kunden wahrscheinlich nicht annähernd darauf kommen, dort nach Antworten zu suchen. FAQ (Frequently Asked Questions) ist zwar für versierte Internetuser ein gängiger Begriff, aber nicht jeder Besucher Ihrer Seite ist ein Internetprofi. Die meisten werden nicht einmal Englisch sprechen.

Gleiches gilt für zahlreiche andere Begriffe: Login, Registrieren, Personalisieren der Benutzeroberfläche, Kunden-ID, Cookies, Browsereinstellungen und Bildschirmauflösung oder Shopping Cart, Outlet,

Sale oder Labels bauen unter Umständen Barrieren auf. Der Besucher versteht »Ihre Sprache« nicht und verschwindet wieder. Achten Sie also darauf, dass Sie gängige Begriffe wählen und dass Sie erklärungsbedürftige Punkte verständlich erläutern. Hierbei kommt es natürlich maßgeblich auf die Zielgruppe an. Beim jüngeren Publikum können Sie natürlich davon ausgehen, dass der Großteil sich bestens mit den Fachbegriffen im Netz auskennt.

3.6 Saisonale Themen aufgreifen

Fast jede Shopsoftware ermöglicht ein »Produkt der Woche« auf der Startseite des Shops. Die meisten Webmaster nutzen diese Funktion auch, doch nur wenige schöpfen das ganze Potential dieser Funktion aus. Ein einfacher Link zum Produkt ist wenig verkaufsfördernd. Greifen Sie saisonale Themen auf und machen Sie den Besuchern das Highlight der Woche so richtig schmackhaft! Egal, ob Weihnachten, Halloween, Ostern oder Valentinstag, egal ob Frühlingsanfang, Ferienzeit oder Grillsaison, in jedem Shop und auf jeder Webseite gibt es ein passendes Produkt oder einen aktuellen Dreh zum Angebot.

Versetzen Sie sich in Ihre Käufer und gehen Sie im Text zum »Produkt der Woche« auf das ein, was die Besucher aktuell beschäftigt. So wird beispielsweise die Chili-Sauce, die Sie verkaufen, am Valentinstag zum heißen Tipp fürs romantische Dinner, an Halloween ist sie das teuflische Extra fürs Grusel-Büffet, in der Grillsaison macht sie den Würstchen Dampf.

Was mit Feiertagen funktioniert, das funktioniert auch mit aktuellen Ereignissen. Rollt die Grippewelle an, machen Sie den Besuchern Ihrer Seite konkrete Angebote zu diesem Thema. Sei es ein Kinderbuch, das den kranken Nachwuchs unterhält, eine warme Daunendecke oder der frisch gepresste Orangensaft, den der Kunde im Handumdrehen mit der Saftpresse aus Ihrem Shop zubereiten kann. Denken Sie daran, dass Sie im Text die Emotionen der Besucher ansprechen und die Produkte oder Angebote so beschreiben, dass ein »Muss-ich-haben-Effekt« eintritt!

3.6.1 Themenwochen

Starten Sie doch beispielsweise zur Urlaubszeit eine Italien-Woche. Bieten Sie den Kunden Ratgeber rund um den Toskana-Urlaub, veröffentlichen Sie italienische Rezepte oder greifen Sie kulturelle Motive rund um Italien auf. Die Artikel sollten natürlich zu Ihrem Angebot passen. Im Baumarkt können passende Produkte Natursteine sein, mit denen man sich ein Toskana Flair auf die Terrasse holt, im Delikatessen-Shop sind es Weine und italienische Spezialitäten, im Mode-Shop gibt es Sommerkleidung für den Strandurlaub.

Passend zur Themenwoche können Sie zudem kleine Gewinnspiele veranstalten, Rabattaktionen einbinden oder Umfragen starten. Themenwochen kann sich jeder selber ausdenken. Stimmen Sie die Angebote auf die Jahreszeit, die Produkte und die Zielgruppe ab!

3.6.2 Newsletter und Aktualität

Das »Produkt der Woche«, Themenwochen und andere Aktionen sind hervorragende Inhalte für die Kunden-Newsletter. Monotone Ankündigungen neuer Angebote will niemand lesen. Durch frische und spannende Themen im Newsletter bekommen Sie die Leser viel eher dazu, auf Ihre Webseite zurückzukehren. Preisen Sie die Ratgeber Ihrer Themenwoche an, weisen Sie auf Gewinnspiele und interaktive Aktionen hin und setzen Sie die Werbung im Newsletter in einen aktuellen Zusammenhang!

Auch die Online-Wirkung saisonaler Themen und Aktionen ist nicht zu unterschätzen. Wer eine unbekannte Webseite aufsucht, der kann sich nie sicher sein, ob es sich um ein gepflegtes Angebot handelt oder um eines, das nur sporadisch betreut wird. Neben den klassischen News geben aktuelle Themen dem Besucher sofort die Sicherheit, dass die Webseite »lebt« und dass sich der Anbieter mit vollem Einsatz um die Kunden kümmert. Ein echter Pluspunkt, der das Vertrauen ins Angebot ungemein steigert!

Kapitel 4

Texten in fünf Schritten

Jeder geübte Texter hat eine andere Methode, einen Text anzugehen. Weniger geübte Schreiber schauen eher ratlos auf den Bildschirm und halten sich zunächst damit auf, eine geeignete Überschrift zu finden. Anschließend hangeln sie sich von oben nach unten durch den Text. Ich möchte Ihnen eine andere Methode vorstellen, die wahrscheinlich schneller zum Ziel führt und den richtigen Aufbau gleich berücksichtigt.

4.1 Fließtext

Sie wählen ein Thema und schreiben ganz ohne Einleitung und Überschrift einfach das auf, was Sie mitteilen wollen. In diesem und im nächsten Kapitel werden wir diesen ersten Entwurf inhaltlich und optisch überarbeiten. Unser Beispieltext ist ein Artikel über die Statue der kleinen Meerjungfrau in Kopenhagen, mit dem wir auf ein Reiseangebot aufmerksam machen wollen:

> *Die Statue der kleinen Meerjungfrau aus Hans Christian Andersens gleichnamiger Erzählung ist das weltweit kleinste und am häufigsten restaurierte und neu erstellte Wahrzeichen einer Hauptstadt. Sie zeigt eine Nixe, die aufs Meer schaut. Die nur 125 cm hohe und 175 kg schwere Steinskulptur steht am Hafen in Kopenhagen. Zu Ehren der Ballettkunst ließ der Bierbrauer Carl Jacobsen 1909 die kleine Meerjungfrau in Stein meißeln. Er war damals von der Primaballerina Ellen Price, welche in der Ballettaufführung »Die kleine Meerjungfrau« auftrat, dermaßen angetan, dass er kurzerhand den Bildhauer Edward Eriksen mit der Erstellung der Figur beauftragte. Das Gesicht der kleinen Meerjungfrau trägt*

daher ihre Gesichtszüge. Da die Künstlerin sich jedoch weigerte, nackt Modell zu stehen, nahm der Bildhauer für den Oberkörper der kleinen Meerjungfrau seine Gattin als Vorlage. Im Jahre 1913 wurde die Skulptur der Stadt Kopenhagen übergeben und sie erfreute sich so großer Beliebtheit, dass sie nach und nach zum Wahrzeichen wurde. Seit 1961 ist die »Ruhe« der kleinen Meerjungfrau, die melancholisch aufs Meer hinaus schaut, jedoch vorbei. Sie wurde geköpft, mit Farbe beschmiert, mit einem Bikini verziert, einmal wurde ihr der Arm abgesägt und 2003 wurde sie sogar komplett vom Sockel gerissen und ins Meer geworfen. Glücklicherweise sind die originalen Matrizen des Bildhauers Edward Eriksen bis heute erhalten, so dass die kleine Meerjungfrau notfalls immer wieder rekonstruiert werden kann. Dennoch überlegen die Stadtväter, das Wahrzeichen der Stadt vom Ufer weg weiter ins Meer zu setzen, um dem Vandalismus Einhalt zu gebieten.

4.2 Abschnitte und Zwischenüberschriften

Teilen Sie den Text nun in Sinnabschnitte ein. Die Sinnabschnitte werden voneinander getrennt und erhalten vom zweiten Absatz an jeweils eine Überschrift, die den Abschnittsinhalt zusammenfasst.

Die Statue der kleinen Meerjungfrau aus Hans Christian Andersens gleichnamiger Erzählung ist das weltweit kleinste und am häufigsten restaurierte und neu erstellte Wahrzeichen einer Hauptstadt. Sie zeigt eine Nixe, die aufs Meer schaut. Die nur 125 cm hohe und 175 kg schwere Steinskulptur steht am Hafen in Kopenhagen.

Das Gesicht einer Primaballerina, der Körper der Künstlergattin

Zu Ehren der Ballettkunst ließ der Bierbrauer Carl Jacobsen 1909 die kleine Meerjungfrau in Stein meißeln. Er war damals von der Primaballerina Ellen Price, welche in der Ballettaufführung »Die kleine Meerjungfrau« auftrat, dermaßen angetan, dass er kurzer-

hand den Bildhauer Edward Eriksen mit der Erstellung der Figur beauftragte. Das Gesicht der kleinen Meerjungfrau trägt daher ihre Gesichtszüge. Da die Künstlerin sich jedoch weigerte, nackt Modell zu stehen, nahm der Bildhauer für den Oberkörper der kleinen Meerjungfrau seine Gattin als Vorlage.

Das Wahrzeichen von Kopenhagen wird geköpft und beschmiert

Im Jahre 1913 wurde die Skulptur der Stadt Kopenhagen übergeben und sie erfreute sich so großer Beliebtheit, dass sie nach und nach zum Wahrzeichen wurde. Seit 1961 ist die »Ruhe« der kleinen Meerjungfrau, die melancholisch aufs Meer hinaus schaut, jedoch vorbei. Sie wurde geköpft, mit Farbe beschmiert, mit einem Bikini verziert, einmal wurde ihr der Arm abgesägt und 2003 wurde sie sogar komplett vom Sockel gerissen und ins Meer geworfen.

Matrizen sorgen für den Erhalt der kleinen Meerjungfrau

Glücklicherweise sind die originalen Matrizen des Bildhauers Edward Eriksen bis heute erhalten, so dass die kleine Meerjungfrau notfalls immer wieder rekonstruiert werden kann. Dennoch überlegen die Stadtväter, das Wahrzeichen der Stadt vom Ufer weg weiter ins Meer zu setzen, um dem Vandalismus Einhalt zu gebieten.

4.3 Einleitung

Schreiben sie nun die Einleitung, indem Sie zunächst die Frage beantworten, was der Grund für diesen Text ist. Geben Sie gleichzeitig einen Hinweis darauf, was den Leser nachfolgend erwartet. Bei sachlichen Texten, etwa bei Studien oder Fachartikeln, bietet es sich an, das Fazit in die Einleitung zu setzen und die Zwischenüberschriften als Stichworte für den Einleitungstext zu nehmen. In unserem Fall machen wir es etwas spannender und wählen eine blumigere Ausdrucksweise (… verbergen sich Geschichten und Anekdoten…).

Zum 40jährigen Bestehen der Städtepartnerschaft zwischen Pusemuckel und Kopenhagen bietet die Stadtverwaltung im Juni eine Busreise in die dänische Hauptstadt an. Schwerpunktthema der Fahrt ist das Wahrzeichen der Stadt, die kleine Meerjungfrau. Hinter der über 100 Jahre alten Skulptur verbergen sich viele Geschichten und Anekdoten, die auf der Reise durch Hörspiele, Vorträge sowie Musik anschaulich vermittelt werden.

Die Statue der kleinen Meerjungfrau aus Hans Christian Andersens gleichnamiger Erzählung ist das weltweit kleinste und am häufigsten restaurierte und neu erstellte Wahrzeichen einer Hauptstadt. Sie zeigt eine Nixe, die aufs Meer schaut. Die nur 125 cm hohe und 175 kg schwere Steinskulptur steht am Hafen in Kopenhagen.

Das Gesicht einer Primaballerina, der Körper der Künstlergattin

Zu Ehren der Ballettkunst ließ der Bierbrauer Carl Jacobsen 1909 die kleine Meerjungfrau in Stein meißeln. Er war damals von der Primaballerina Ellen Price, welche in der Ballettaufführung »Die kleine Meerjungfrau« auftrat, dermaßen angetan, dass er kurzerhand den Bildhauer Edward Eriksen mit der Erstellung der Figur beauftragte. Das Gesicht der kleinen Meerjungfrau trägt daher ihre Gesichtszüge. Da die Künstlerin sich jedoch weigerte, nackt Modell zu stehen, nahm der Bildhauer für den Oberkörper der kleinen Meerjungfrau seine Gattin als Vorlage.

Das Wahrzeichen von Kopenhagen wird geköpft und beschmiert

Im Jahre 1913 wurde die Skulptur der Stadt Kopenhagen übergeben und sie erfreute sich so großer Beliebtheit, dass sie nach und nach zum Wahrzeichen wurde. Seit 1961 ist die »Ruhe« der kleinen Meerjungfrau, die melancholisch aufs Meer hinaus schaut, jedoch vorbei. Sie wurde geköpft, mit Farbe beschmiert, mit einem Bikini verziert, einmal wurde ihr der Arm abgesägt und 2003 wurde sie sogar komplett vom Sockel gerissen und ins Meer geworfen.

Matrizen sorgen für den Erhalt der kleinen Meerjungfrau

Glücklicherweise sind die originalen Matrizen des Bildhauers Edward Eriksen bis heute erhalten, so dass die kleine Meerjungfrau notfalls immer wieder rekonstruiert werden kann. Dennoch überlegen die Stadtväter, das Wahrzeichen der Stadt vom Ufer weg weiter ins Meer zu setzen, um dem Vandalismus Einhalt zu gebieten.

4.4 Überschrift

Aus der Einleitung können Sie nun eine Überschrift machen. Nehmen Sie die Kernaussage, die sich im einleitenden Text verbirgt.

Busfahrt nach Kopenhagen:

Besuchen Sie die Jungfrau mit der dramatischen Vergangenheit!

Zum 40jährigen Bestehen der Städtepartnerschaft zwischen Pusemuckel und Kopenhagen bietet die Stadtverwaltung im Juni eine Busreise in die dänische Hauptstadt an...

Die Überschrift ist wohl die schwierigste Aufgabe beim Texten. Sie muss einen Hinweis auf den Inhalt des Artikels geben und sie sollte neugierig machen. Im Internet kommt die Suchmaschinenoptimierung hinzu, die im Kapitel 8 »Suchmaschinenoptimierung« erläutert wird. Es gibt einige klassische Ansätze für Überschriften, die Ihnen behilflich sein können.

Die Aufforderung

Besuchen Sie...

Nutzen Sie...

Testen Sie...

Bei Überschriften wird das Ausrufezeichen hinter der Aufforderung oftmals weggelassen. Einige Texter vertreten die Meinung, dass das Ausrufezeichen in der Headline zu aufdringlich und marktschreierisch wirkt und dass eine gute Überschrift auch ohne auskommt. Entscheiden Sie selber! Aber lassen Sie sich nicht dazu hinreißen, gleich mehrere Ausrufezeichen zu verwenden! Das wirkt tatsächlich so, als wollten Sie den Leser anbrüllen.

Abb. 4.1: Artikel auf www.zeit.de

Wie, Warum und So

Wie Sie in einer Woche 2 Kilo abnehmen

So nehmen Sie in einer Woche 2 Kilo ab

Wie bei der Aufforderung sprechen Sie mit diesen Überschriften den Leser direkt an. Zudem sagen Sie klar und deutlich, was ihn im Text erwartet. Eine weitere Möglichkeit für interessante Überschriften bieten die Frageworte, die allerdings nicht als Frage formuliert werden.

Warum private Vorsorge richtig ist

Wie Legenden entstehen

Wo Urlaubsträume wahr werden

Wann Sie die Autoversicherung wechseln sollten

Abb. 4.2: Artikel auf www.stern.de

Die Frage

Wollen Sie günstig verreisen?

Haben Sie Lust auf ein gutes Buch?

Auch hier wird der Leser direkt angesprochen. Wenn Sie eine Frage verwenden, die nahezu jeder mit einem »Ja« beantwortet, gibt die Überschrift einen Anlass weiterzulesen.

Abb. 4.3: Artikel auf www.stern.de

Oder Sie stellen offene Fragen.

Wie stark ist Ihr Immunsystem?

Was verrät das Outfit über den Charakter?

Abb. 4.4: Artikel auf www.stern.de

Sie können in der Überschrift auch eine Frage mit einer Aussage verbinden. Nach dem Prinzip »Wenn-Dann« wird so ein Grund geliefert
weiterzulesen.

Sie lieben Mode? Dann dürfen Sie diese Fashion Show nicht verpassen

Abb. 4.5: Artikel auf www.stern.de

Oder Sie stellen mit der Überschrift eine Frage in den Raum, die den Inhalt des Textes verrät und Aussicht auf Antworten verspricht.

Arbeitslos – Was nun?

Kann man Schuhe waschen?

Abb. 4.6: Artikel auf www.stern.de

News-Charakter

Jetzt wird es richtig kalt

Neu: Bei Weltbild gibt's jetzt E-Books

Ab sofort neue Regeln im Straßenverkehr

Welchen Ansatz Sie wählen, hängt maßgeblich vom Text ab. Sie sollten bei der Formulierung der Überschrift fürs Internet aber grundsätzlich darauf achten, dass Sie dem Leser einen klaren Hinweis auf das Thema und den Inhalt des Textes geben und dass Sie Neugier wecken.

Vermeiden Sie unbedingt komplizierte Wortspiele, Phrasen oder verwirrende Klammern.

Abb. 4.7: Artikel auf www.golem.de

4.5 Fazit und Handlungsaufforderung

Schließen Sie Ihren Text mit einer Handlungsaufforderung ab, damit der Besucher Ihrer Webseite weiß, was er als nächstes machen soll oder kann. Bei manchen Texten ist eine Handlungsaufforderung nicht sinnvoll. In diesem Fall können Sie unter dem Text auf weitere Artikel oder ähnliche Angebote auf Ihrer Webseite verweisen. Unser Beispieltext über die Busfahrt nach Kopenhagen könnte folgendermaßen abgeschlossen werden:

Sie wollen mehr über die Geschichte der kleinen Meerjungfrau wissen? Melden Sie sich noch bis zum 23.04.2011 für die Busreise nach Kopenhagen an.

Hier geht es zum <u>Anmeldeformular</u>.

Kapitel 5

Feinschliff der Texte

Der Text ist fertig? Wetten nicht? Es gibt zahlreiche Stolpersteine und Lesebremsen, die sich in die Sätze schleichen. Selbst erfahrene Texter sind davor nicht sicher. Die erste Version des Textes ist also nicht viel mehr als ein Rohentwurf. Nun geht es an den Feinschliff. Der Inhalt wird in Hinsicht auf drei Bereiche geprüft: Verständlichkeit, Glaubwürdigkeit und Anschaulichkeit.

Erst wenn alle drei Punkte abgehandelt sind, ist der Text reif für die Veröffentlichung. Viele der nachfolgenden Tipps kennen Sie vielleicht aus klassischen Schreibratgebern, die sich nicht explizit mit Webtexten beschäftigen, denn Inhalte sollten generell verständlich, glaubwürdig und anschaulich sein. Wenn Sie aber Webseitentexte erstellen, sind diese Eigenschaften doppelt und dreifach wichtig.

5.1   Verständlichkeit

Webtexte müssen leicht verständlich sein. Der Leser möchte nicht großartig nachdenken, sondern die für ihn wichtigen Informationen ohne Anstrengung ausfiltern. Klar, dass Fremdwörter, Fachbegriffe und komplizierte Satzkonstruktionen diesem Vorhaben im Weg stehen. Orientieren Sie sich einfach an Ihrem aktiven Wortschatz, also an den Begriffen, die Sie auch im Alltag benutzen. Im normalen Sprachgebrauch gibt es nur selten Niederschlag. Sie sprechen von Regen, Hagel oder Schnee. Sie verfügen auch nicht über einen Rasenmäher, der im Sommer oft zum Einsatz kommt. Sie besitzen einen Rasenmäher, den Sie im Sommer oft benutzen. Es kommt im Alltag nicht vor, dass Sie erzählen, dass Sie gleich ins Filmtheater gehen. Sie gehen ins

Kino. Nutzen Sie auch für Ihre Webtexte die gebräuchlichen Formulierungen!

Doch es gibt noch viele weitere Details, die einen Text sperrig oder sogar unverständlich machen. Im Umkehrschluss gibt es Tricks und Kniffe, mit denen man die Sätze fürs Internet leseleicht und verständlich gestalten kann.

5.1.1 Überflüssige Sätze und Wörter streichen

Im ersten Schritt sollten Sie alle Sätze und Wörter löschen, die nicht unbedingt notwendig sind. Das fällt nicht immer leicht, weil Sie ja gerade erst mühsam die Inhalte und Formulierungen zusammengebastelt haben. Dennoch: Es werden sich Wörter und Sätze eingeschlichen haben, die Sie löschen können, ohne dass der Text inhaltlich verfälscht wird.

Ein Beispiel aus unserem Text:

Dennoch überlegen die Stadtväter, das Wahrzeichen der Stadt vom Ufer weg weiter ins Meer zu setzen, um dem Vandalismus Einhalt zu gebieten.

Es gibt gleich drei Wörter, die Sie in diesem Satz problemlos streichen können. Dabei wird sogar noch eine Dopplung (Stadt) aus dem Text genommen.

Dennoch überlegen die Stadtväter, das Wahrzeichen vom Ufer weg ins Meer zu setzen, um dem Vandalismus Einhalt zu gebieten.

5.1.2 Substantive – Nominalstil

Substantive nehmen das Tempo aus dem Text und wirken an vielen Stellen gestelzt. Prüfen Sie, welche Substantive unnötig sind. In vielen Fällen wirken Verben einfach lockerer und natürlicher.

Dennoch überlegen die Stadtväter, das Wahrzeichen vom Ufer weg ins Meer zu setzen, um dem Vandalismus Einhalt zu gebieten.

Dennoch überlegen die Stadtväter, das Wahrzeichen vom Ufer weg ins Meer zu setzen, um Vandalismus zu verhindern.

Weitere Beispiele:

- zum Einsatz bringen – einsetzen
- telefonisch in Verbindung setzten – anrufen, telefonieren
- einen Beschluss fassen – beschließen

5.1.3 Logik und Sinnzusammenhänge

Prüfen Sie genau, ob im Text die Sinnzusammenhänge stimmen. Oft merkt man beim Schreiben nicht, dass man in Gedanken einer Logik folgt, die bei anderen zu Verwirrung führen kann.

Ein Beispiel aus dem Text:

> *Er war damals von der Primaballerina Ellen Price, die in der Ballettaufführung »Die kleine Meerjungfrau« auftrat, dermaßen angetan, dass er kurzerhand den Bildhauer Edward Eriksen mit der Erstellung der Figur beauftragte. Das Gesicht der kleinen Meerjungfrau trägt daher ihre Gesichtszüge.*

Der erste Satz schließt mit der »Figur«. Der Folgesatz besagt, dass die kleine Meerjungfrau »ihre Gesichtszüge« trägt. Streng genommen würde das bedeuten, dass die kleine Meerjungfrau die Gesichtszüge der Figur trägt. In diesem Fall wird der Leser vielleicht noch mitdenken können und den letzten Satz auf die Primaballerina beziehen. In anderen Fällen sucht der Leser jedoch verwirrt nach dem richtigen Bezug.

5.1.4 Passivsätze umwandeln

Suchen Sie den Text nach Passivsätzen ab und wandeln sie diese – wenn möglich – in aktive Formulierungen um. Der Text wird dadurch anschaulicher und lebendiger.

Beispiel aus dem Text:

> *Im Jahre 1913 wurde die Skulptur der Stadt Kopenhagen übergeben und sie erfreute sich so großer Beliebtheit, dass sie nach und nach zum Wahrzeichen wurde. Seit 1961 ist die »Ruhe« der kleinen Meerjungfrau, die melancholisch aufs Meer hinaus schaut, jedoch*

> *vorbei. Sie wurde geköpft, mit Farbe beschmiert, mit einem Bikini verziert, einmal wurde ihr der Arm abgesägt und 2003 wurde sie sogar komplett vom Sockel gerissen und ins Meer geworfen.*

Ohne Passivsätze sieht der Text so aus:

> *Carl Jacobsen schenkte die Skulptur 1913 der Stadt Kopenhagen. Die kleine Meerjungfrau war so beliebt, dass sie bald schon zum Wahrzeichen der Hauptstadt wurde. Seit 1961 ist die »Ruhe« der kleinen Meerjungfrau, die melancholisch aufs Meer schaut, jedoch vorbei. Vandalen köpften die Meerjungfrau. Spaßvögel beschmierten sie mit Farbe oder verzierten sie mit einem Bikini. Andere sägten ihr den Arm ab und 2003 rissen Unbekannte die Statue sogar komplett vom Sockel und warfen sie ins Meer.*

5.1.5 Lange Sätze kürzen

Kurze Sätze sind wesentlich einfacher zu lesen und zu verstehen. Am Bildschirm spielt das eine besondere Rolle, denn das Lesen am Monitor ist anstrengend. Die Schmerzgrenze der meisten Leser liegt bei 10 bis 15 Wörtern. Wenn Sie sinnvoll kürzen können, sollten Sie es tun.

Beispiel aus dem Text:

> *Die Statue der kleinen Meerjungfrau aus Hans Christian Andersens gleichnamiger Erzählung ist das weltweit kleinste und am häufigsten restaurierte und neu erstellte Wahrzeichen einer Hauptstadt.*

Der Einstieg in den Text ist mit einem Satz aus 25 Wörtern langatmig und ziemlich kompliziert. Mit kürzeren Sätzen bringen Sie mehr Schwung in die Geschichte.

> *Sie kennen die Geschichte der kleinen Meerjungfrau von Hans Christian Andersen? Wussten Sie auch, dass die Nixe gleich zwei Rekorde hält? Sie ist als Statue in Kopenhagen das weltweit kleinste Wahrzeichen einer Hauptstadt. Und kein Wahrzeichen der Welt wurde so oft restauriert und neu angefertigt wie die kleine Meerjungfrau.*

5.1.6 Lange Wörter trennen

Was mit Sätzen funktioniert, funktioniert auch mit Wörtern. Insbesondere solche, die aus zwei Wörtern zusammengesetzt sind, lassen sich für eine bessere Lesbarkeit trennen. Andere Wörter, die kompliziert oder zu lang sind, sollten Sie durch einfache Synonyme ersetzen.

Beispiel aus dem Text:

Die nur 125 cm hohe und 175 kg schwere Steinskulptur steht am Hafen in Kopenhagen.

Die nur 125 cm hohe und 175 kg schwere Skulptur aus Stein steht am Hafen in Kopenhagen.

5.1.7 Abkürzungen

Abkürzungen unterbrechen den Lesefluss und machen einen Text sehr holprig. Schreiben Sie die Angaben lieber aus. Wir nehmen uns den letzten Satz also nochmal vor und kürzen ihn bei dieser Gelegenheit gleich.

Die nur 125 cm hohe und 175 kg schwere Steinskulptur steht am Hafen in Kopenhagen.

Die Skulptur aus Stein steht am Hafen in Kopenhagen. Sie ist nur 125 Zentimeter hoch und wiegt 175 Kilogramm.

5.1.8 Fremdwörter und Fachausdrücke

Gehen Sie nicht davon aus, dass die Leser alle Fremdwörter kennen, die Ihnen geläufig erscheinen. Auch mit Fachausdrücken, technischen und englischen Begriffen machen Sie den Text unter Umständen unverständlich.

Sie bauen mit solchen Begriffen Barrieren auf. Der Besucher versteht Sie nicht und verschwindet wieder. Auch in den redaktionellen Beiträgen sollten Sie die Fremdwörter und Fachbegriffe, die nicht nötig sind, austauschen.

Beispiel aus dem Text:

Matrizen sorgen für den Erhalt der kleinen Meerjungfrau

Glücklicherweise sind die originalen Matrizen des Bildhauers Edward Eriksen bis heute erhalten, so dass die kleine Meerjungfrau notfalls immer wieder rekonstruiert werden kann.

Gussformen sorgen für den Erhalt der kleinen Meerjungfrau

Glücklicherweise sind die Gussformen, die Edward Eriksen benutze, bis heute erhalten. Die kleine Meerjungfrau kann notfalls also immer wieder neu gegossen werden.

---

denn
  (= bedeutet besonderes Interesse. zum Beispiel: „Was ist das denn?")
doch
  in „Ich bin doch vorhin schon einmal da gewesen." (= wie du wissen müsstest)
eben
  in „Dann musst du eben morgen wiederkommen."
eh
  (oberdeutsch, ersetzt „sowieso" immer häufiger)
fei
  markiert in oberdeutschen Dialekten einen Hinweis des Sprechers, der im Hochdeutschen unmarkiert bleibt. (= Achtung! Falls du es noch nicht weißt, pass auf, was ich dir jetzt sage; „Des is fei wichtig!".) Im Thüringischen übernimmt „ge" diese Funktion: „Das ist wichtig, also denk daran, ge!"
freilich
  (oberdeutsch, sonst veraltet) (= Genau, so ist es!)
gar, rein
  in „Er wusste rein gar nichts davon." (= Verstärkung, die Vollständigkeit andeutet)
gell
  (südmitteldeutsch) (= es gelte; „Gell, Du hast mich gelle gern", sang Margit Sponheimer)
ja
  in „Ich bin ja vorhin schon einmal da gewesen." (= wie du vielleicht weißt/wie ich dir jetzt mitteile)
halt
  (oberdeutsch, ersetzt „eben" immer häufiger) in „Ich bin halt vorhin schon einmal da gewesen." (= damit du es endlich weißt)
mal
  (umgangssprachliche Kurzform von „einmal") in „Kannst du das mal machen." (= machst du das endlich, wie lange muss man noch warten)
schon
  in „Was kann ich schon dafür" (= ich habe von allen wirklich am wenigsten damit zu tun)

Abb. 5.1: Im Internet gibt es zahlreiche Listen mit Füllwörtern, die bei der Überarbeitung eines Textes helfen können. Hier eine Liste von `http://de.wikipedia.org/wiki/Modalpartikel`

5.1.9   Füllwörter

Füllwörter strecken den Satz künstlich in die Länge. Manchmal sind sie für den Satzrhythmus wichtig, meistens kann man sie aber streichen, um die Sätze zu vereinfachen (siehe Abbildung 5.1).

Glücklicherweise sind die Gussformen, die Edward Eriksen benutze, bis heute erhalten. Die kleine Meerjungfrau kann notfalls also immer wieder neu gegossen werden.

Die Gussformen, die Edward Eriksen benutze, sind bis heute erhalten. Die kleine Meerjungfrau kann notfalls neu gegossen werden

5.1.10   Welcher, Welche, Welches und Sowie

In vielen Texten tauchen die »Welcher, Welche, Welches«-Nebensätze auf, die niemand im normalen Gespräch benutzen würde. Sie klingen unnatürlich und ungeschickt.

Er war damals von der Primaballerina Ellen Price, welche in der Ballettaufführung »Die kleine Meerjungfrau« auftrat, dermaßen angetan, dass er kurzerhand den Bildhauer Edward Eriksen mit der Erstellung der Figur beauftragte.

Er war damals von der Primaballerina Ellen Price, die in der Ballettaufführung »Die kleine Meerjungfrau« auftrat, dermaßen angetan, dass er kurzerhand den Bildhauer Edward Eriksen mit der Erstellung der Figur beauftragte.

»Welcher, Welche, Welches« wird nur benutzt, wenn sich der Artikel wiederholen würde. Schöner klingt es jedoch, wenn sie in so einem Fall ein Wort dazwischen bauen.

Die Handwerker, die die Küche aufbauen.

Die Handwerker, welche die Küche aufbauen.

Die Handwerker, die heute die Küche aufbauen.

Auch das Wörtchen »sowie« wird im alltäglichen Sprachgebrauch kaum verwendet. Ersetzen Sie es einfach durch »und« – schon wirkt der Satz natürlicher.

Hinter der über 100 Jahre alten Skulptur verbergen sich viele Geschichten und Anekdoten, die auf der Reise durch Hörspiele, Vorträge sowie Musik anschaulich vermittelt werden.

Hinter der über 100 Jahre alten Skulptur verbergen sich viele Geschichten und Anekdoten, die auf der Reise durch Hörspiele, Vorträge und Musik anschaulich vermittelt werden.

5.2 Anschaulichkeit

Vor allem bei Ratgebern, Erlebnisberichten oder Themen aus den Bereichen Unterhaltung, Reise, Kunst, Kultur und Freizeit sollten Texte anschaulich geschrieben sein. Die Information steht zwar bei Webtexten immer im Vordergrund, aber diese Informationen können ansprechend verpackt werden.

Abb. 5.2: Schwimmen ist gesund. Diese Aussage wird hier in Form eines Wortbildes »Fisch im Wasser« in Kombination mit einem Foto veranschaulicht. http://www.gesundheit.com

5.2.1 Passende Substantive

Es gibt eine Reihe von Oberbegriffen, die immer wieder verwendet werden. Wenn Sie aus diesen Oberbegriffen stärkere Substantive machen, entstehen beim Lesen automatisch Bilder im Kopf der Leser.

Beispiel:

> *Sie fror in ihrem dünnen Oberteil, dem Rock und den Schuhen, trat in die Halle des Gebäudes und verfluchte den Regen, der ihre Frisur zerstört hatte.*

Ersetzten Sie die Oberbegriffe durch punktgenaue Substantive!

> *Sie fror in ihrer dünnen Seidenbluse, dem Minirock und den Pumps, trat ins Foyer des Wolkenkratzers und verfluchte den Platzregen, der ihre Frisur zerstört hatte.*

5.2.2 Lebendige Verben

Was für die Substantive gilt, gilt auch für die Verben. Im folgenden Beispiel werden schwache gegen starke Substantive und langweilige gegen lebendige Verben ausgetauscht.

> *Am Straßenrand stand ein Auto. Sie ging über die Straße, sah durch die Scheibe auf den Rücksitz und erschrak.*

> *Am Straßenrand parkte ein Mercedes. Sie hastete über die Straße, spähte durch die Heckscheibe auf den Rücksitz und erschrak.*

5.2.3 Wirkungsvolle Adjektive

Mit Adjektiven sollten Sie in Ihren Texten sparsam umgehen, damit der Text glaubwürdig bleibt. Die Adjektive, die Sie verwenden, erhalten dadurch mehr Gewicht. Achten Sie darauf, dass Sie auch hier aussagekräftige Wörter benutzen, die Emotionen transportieren oder Bilder erzeugen.

groß – haushoch, kolossal, bombastisch, riesig, ungeheuerlich

schön – geschmackvoll, charmant, elegant, gepflegt, apart, adrett

laut – ohrenbetäubend, schallend, schrill, dröhnend, markerschütternd

5.2.4 Sprachbilder

Bilder, die jeder kennt, müssen nicht erklärt werden. Sie wirken von ganz alleine, rufen Assoziationen hervor und werden mit bestimmten Gefühlen verbunden. So können Sie mit wenig Worten viel ausdrücken. Vor allem bei Überschriften sind Bilder ein wirkungsvolles Werkzeug.

Wenn die Bundeskanzlerin die Notbremse zieht, das Gewinnspiel eine harte Nuss ist oder der neue Mittelklassewagen im Rampenlicht steht, wird der Text anschaulicher.

5.2.5 Wortwelten

Je nach Thema der Webseite können Sie Webtexte so anpassen, dass sie gezielt die Sinne und Interessen der Besucher ansprechen. Auf einer Webseite für Liebhaber klassischer Musik spielt der Kunde die erste Geige, auf der Webseite des Fotografen steht der Kunde im Fokus und auf der Webseite für Handwerker werden Gelegenheiten beim Schopf gepackt. Hierfür müssen sie natürlich wissen – oder zumindest erahnen –, in welcher Erlebniswelt sich der Kunde wohlfühlt. Einige sind mit Klängen zu begeistern, die meisten mit visuellen Erlebnissen, andere mit dem Gefühlssinn.

Es ist auch möglich, einen ganzen Text hindurch in einer Wortwelt zu bleiben. Hierbei sollten Sie allerdings vorsichtig sein, denn zu viele Sprachbilder und Bezüge zum Thema können schnell nerven.

5.2.6 Vergleiche

Auch mit Vergleichen bekommen Sie das Kopfkino der Leser in Gang. Wenn Kinderaugen wie Sterne funkeln, das Grundstück dreimal größer als ein Fußballfeld ist, der Motor wie eine zufriedene Katze schnurrt oder die Haut sich wie ein Pfirsich anfühlt, dann können Sie sicher sein, dass die Leser sehen, hören oder fühlen, was Sie aussagen wollen. Auch hier gilt: Setzten Sie Vergleiche sparsam ein und achten Sie auf originelle Formulierungen, die nicht in jeder zweiten Werbebotschaft verwendet werden.

5.3 Glaubwürdigkeit

Die Glaubwürdigkeit spielt im Internet eine übergeordnete Rolle, denn im Web gibt es keine Instanz, die kontrolliert, nachprüft oder für Qualität sorgt. Der Leser muss sich auf seinen persönlichen Eindruck vom Anbieter verlassen und ist dementsprechend skeptisch. Vermeiden Sie also besser Formulierungen, die misstrauisch machen und nutzen Sie Möglichkeiten, Ihre Aussagen zu untermauern.

5.3.1 Superlative

Auf Ihrer Webseite finden die Besucher die besten Urlaubsziele und die tollsten Hotels, die modernsten Notebooks oder das größte Schuhsortiment? Ihre Preise sind supergünstig und ihr Service ist phänomenal? Das wird Ihnen niemand glauben. Zumindest nicht, wenn Sie es so formulieren. Lassen Sie die Superlative weg und arbeiten Sie mit Fakten!

Bieten Sie lieber eine große Auswahl an interessanten Urlaubszielen und ausgesuchte Hotels an, die von Kunden bewertet wurden. Schreiben Sie, dass es bei Ihnen Notebooks mit den neuen Features und Komponenten XYZ gibt. Werben Sie mit einem Schuhsortiment, in dem die Kunden Modelle von über 100 bekannten Herstellern finden. Bieten Sie ein Rückgaberecht oder eine Kostenerstattung an, wenn Kunden die gleichen Produkte in einem anderen Shop zu einem günstigeren Preis sehen, und stellen Sie den ausgezeichneten Kundenservice detailliert vor.

Die potentiellen Kunden werden tagtäglich mit so vielen Superlativen und Werbesprüchen überschüttet, dass sie weder an diese Aussagen glauben noch darauf anspringen. Mit Fakten und Beweisen gewinnen Sie das Vertrauen der Leser.

5.3.2 Tatsachen schaffen

Mit einer kleinen Umformulierung können Sie aus Behauptungen im Handumdrehen Tatsachen machen. Ein Beispiel:

Der Monitor XYZ arbeitet besonders energiesparend.

Der Leser wird sich unweigerlich fragen, warum und wie der Monitor energiesparend arbeitet. Wenn daraufhin keine schlüssige Erklärung folgt, wird er der Aussage nicht glauben.

Der energiesparende Monitor hat eine Auflösung von 1680 x 1050 Pixeln.

Der Fokus liegt in diesem Satz auf der Auflösung. Die energiesparende Arbeitsweise wird ganz nebenbei zur Tatsache.

5.3.3 Beweise schaffen

Auf eine ähnliche Art können Sie auch Beweise schaffen, die den Text glaubwürdiger machen. Genau wie beim vorangegangenen Beispiel sollten Sie natürlich nicht lügen. Es geht um überzeugende Formulierungen und nicht um Vorspiegelung falscher Tatsachen.

Ein professionelles Bildbearbeitungsprogramm ist die Voraussetzung für gute Ergebnisse.

Sie sehen eine Aussage, die zwar stimmt, aber nicht unbedingt überzeugt. Holen wir doch die Profis mit ins Boot:

Jeder Grafiker weiß, dass ein professionelles Bildbearbeitungsprogramm die Voraussetzung für gute Ergebnisse ist.

Das klingt wesentlich überzeugender und wer hört nicht gerne auf Grafiker, wenn er seine Bilder bearbeiten möchte?

5.3.4 Autoritäten und Studien

Wenn Sie die eher allgemeinen Gruppen gegen konkrete Fachleute oder bekannte Persönlichkeiten austauschen können, sollten sie das tun. Auch Statistiken und Studien können für eine höhere Glaubwürdigkeit als Beweis herangezogen werden.

Tomaten sind gesund und können vielfältig verarbeitet werden.

Auch diese Aussage ist wahr, aber so richtig überzeugt wird der Leser nicht sein. Also nehmen wir eine bekannte Persönlichkeit, die es wissen muss, zur Hilfe:

Auch der bekannte Fernsehkoch XYZ schwärmte jüngst in seiner Sendung vom Vitamingehalt und den Rezeptmöglichkeiten, die Tomaten bieten.

5.3.5 Verbindliche Aussagen

Bleiben Sie bei Ihren Webtexten so verbindlich wie möglich!

Wir werden uns schnellstmöglich bei Ihnen melden.

Wir werden uns innerhalb der nächsten 24 Stunden telefonisch bei Ihnen melden.

Kapitel 6

Die Basistexte der Website

6.1 Startseite

Gleich beim ersten Blick auf die Startseite möchte der Besucher wissen, ob er bei Ihnen richtig ist. Anhaltspunkte geben ihm hier der Gesamteindruck, die Navigationspunkte und die Texte. Natürlich können Sie nicht alle Themen und Angebote auf Ihren Webseiten ausführlich auf der Startseite ansprechen, aber Sie können wichtige Punkte herausstellen.

Welche Punkte besonders wichtig sind, haben Sie sich ja bereits im Vorfeld durch das Shopkonzept und die Ermittlung der Zielgruppe und der möglichen Fragen notiert. So könnte der Startseitentext für einen Naturspielzeug-Shop aussehen:

Natürlich Lernen, natürlich Spielen – Ausgesuchtes Naturspielzeug für Babys und Kinder

Ich freue mich, Sie bei ABC-Naturspielzeug begrüßen zu dürfen. Mein Name ist Olga Meier. Ich bin die Inhaberin dieses Shops und stehe Ihnen bei der Einkaufstour durch unsere Naturspielzeug-Welt jederzeit für Fragen zur Verfügung. Auf allen Shopseiten sehen Sie rechts oben mein Foto mit der direkten Kontaktmöglichkeit per E-Mail und per Telefon. Auch Verbesserungsvorschläge für unsere Seiten, fürs Sortiment oder den Service sind herzlich willkommen.

In unserem Servicebereich erfahren Sie, nach welchen Kriterien wir unser Naturspielzeug auswählen, was sich hinter den unterschied-

lichen Ökosiegeln verbirgt, wie Sie schnell und sicher in unserem Shop bestellen und mehr. Klicken Sie einfach auf das Bild mit den Fragezeichen rechts unten auf dieser Seite!

ABC-Naturspielzeug ist Partner des WWF und trägt das Trusted-Shops-Gütesiegel, das erst nach einer Prüfung von über 100 Einzelkriterien verliehen wird. Es belegt unter anderem die Datensicherheit in unserem Shop, die Liefersicherheit und einen ausgezeichneten Kundenservice. Unser Sortiment besteht ausschließlich aus 100 Prozent natürlichem Spielzeug, das wir bedenkenlos empfehlen können.

Ich wünsche Ihnen viel Spaß beim Stöbern!

NATÜRLICH LERNEN, NATÜRLICH SPIELEN – AUSGESUCHTES NATURSPIELZEUG FÜR BABYS UND KINDER

Ich freue mich, Sie bei ABC-Naturspielzeug begrüßen zu dürfen. Mein Name ist Olga Meier. Ich bin die Inhaberin dieses Shops und stehe Ihnen bei der Einkaufstour durch unsere Naturspielzeug-Welt jederzeit für Fragen zur Verfügung. Auf allen Shopseiten sehen Sie rechts oben mein Foto mit der direkten Kontaktmöglichkeit per E-Mail und per Telefon. Auch Verbesserungsvorschläge für unsere Seiten, fürs Sortiment oder den Service sind herzlich willkommen.

In unserem Servicebereich erfahren Sie, nach welchen Kriterien wir unser Naturspielzeug auswählen, was sich hinter den unterschiedlichen Ökosiegeln verbirgt, wie Sie schnell und sicher in unserem Shop bestellen und mehr. Klicken Sie einfach auf das Bild mit den Fragezeichen rechts unten auf dieser Seite!

© Yuri Arcurs - Fotolia.com

ABC-Naturspielzeug ist Partner des WWF und trägt das Trusted-Shops-Gütesiegel, das erst nach einer Prüfung von über 100 Einzelkriterien verliehen wird. Es belegt unter anderem die Datensicherheit in unserem Shop, die Liefersicherheit und einen ausgezeichneten Kundenservice. Unser Sortiment besteht ausschließlich aus 100 Prozent natürlichem Spielzeug, das wir bedenkenlos empfehlen können.

Ich wünsche Ihnen viel Spaß beim Stöbern!

Der Text ist knapp 180 Wörter lang. Um es besser auszudrücken: Er ist kurz! In der Überschrift und im Fließtext ist das Keyword »Naturspielzeug« mehrmals erwähnt. Der Besucher weiß sofort, mit wem er es zu tun hat. Transparenz schafft Vertrauen und Vertrauen ist in diesem Shop ganz besonders wichtig, denn nicht überall wo Bio draufsteht ist auch Bio drin. Der WWF als Partner? Da muss man bestimmt auch Qualitätskriterien erfüllen, bevor man zum Partner wird.

Der Neuankömmling erfährt, dass er auf jeder Seite des Shops die Möglichkeit hat, Fragen zu stellen. Die Bedenken bezüglich Sicherheit und Datenschutz werden ihm direkt genommen. Offensichtlich legt der Shop Wert auf einen guten Kundenservice, denn die Möglichkeit, Verbesserungsvorschläge zu machen und Sortimentswünsche zu äußern, wird hervorgehoben. Es werden sogar Ökosiegel für die Produkte erwähnt, was hohe Qualität vermuten lässt. Dieser Eindruck wird durch die Aussage untermauert, dass es sich um ausgesuchte Produkte handelt, die ausdrücklich empfohlen werden.

Unter der Begrüßung werden die Hauptkategorien des Shops in Bild und Wort vorgestellt. Unter den Fotos gib es einen kleinen Ausblick auf die jeweilige Kategorie mit Textlink. Bei der Gelegenheit wird schnell noch einmal das Keyword in der jeweiligen Überschrift und im Fließtext eingebaut.

Unser Sortiment

Holzspielzeug	Kuscheltiere	Gesellschaftsspiele
In unserem Onlineshop finden Sie ein großes Sortiment an Holzspielzeug vom Auto bis zur Watschelente. Alle Produkte wurden mit Pflanzenfarben gefärbt und enthalten keinerlei Giftstoffe.	Flauschig weich und garantiert frei von Chemikalien: Vom ersten Kuscheltier fürs Baby bis zum Teddy fürs Kleinkind finden Sie hier alles, was sich zum Schmusen eignet.	Mikado, Memory. Motorik-Schleife: Wir haben für Sie Gesellschaftsspiele zusammengestellt, die nicht nur Spaß machen sondern auch die Fertigkeiten Ihrer Kinder fördern.

Ein Produkt wird besonders herausgestellt. In diesem Fall nennen wir es »Empfehlung der Woche«, um zu unterstreichen, dass es begutachtet und für besonders empfehlenswert erachtet wurde. Im Kurztext wird angedeutet, dass es eingehende Informationen über das Spielzeug gibt und dass es nicht nur einen Unterhaltungswert hat, sondern auch pädagogisch wertvoll ist. Außerdem muss noch das Versprechen des Eingangstextes eingelöst werden. Es gibt einen Servicebereich, den man über das Bild mit den Fragezeichen erreicht.

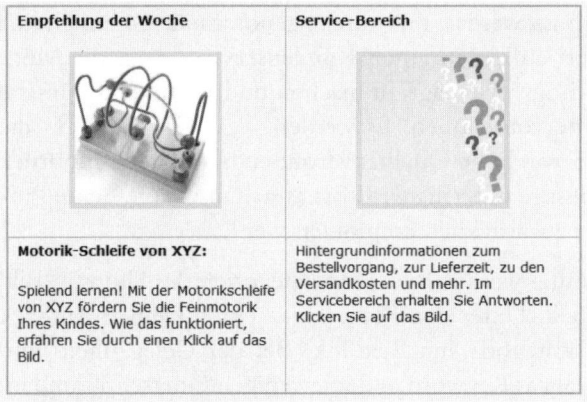

Die wichtigsten Fragen, die sich die Zielgruppe stellen könnte, sind nun auf der Startseite beantwortet.

Handelt es sich um geprüfte Ware?

Ja, die Inhaberin prüft die Qualität und stellt nur ausgesuchte Produkte zum Verkauf.

Sind die verwendeten Materialien ungiftig?

Schon die Kurztexte sagen: Reine Pflanzenfarbe, keine Chemikalien.

Gibt es Ökosiegel für das Spielzeug, die das belegen?

Offensichtlich ja, sonst würden sie nicht so oft erwähnt.

Hat das Spielzeug einen pädagogischen Nutzen?

Die Überschrift der Seite lautet »Natürlich spielen, natürlich lernen«. Es gibt also nicht nur Spaßprodukte sondern auch Lernspielzeug. Der Kurztext bei der Motorik-Schleife weist ebenfalls darauf hin, dass die Förderung des Kindes in dem Shop eine Rolle spielt.

Welche Talente und Fähigkeiten meines Kindes kann ich mit dem Spielzeug fördern?

Mit der Motorik-Schleife die Feinmotorik und im nächsten Schritt wird sogar erklärt, was es damit auf sich hat.

Kurz noch ein Blick auf die Suchmaschinenoptimierung (mehr dazu in Kapitel 8): Das Keyword sitzt mehrmals in den Überschriften und im Text, ohne dass es stört. Die interne Verlinkung wurde berücksichtigt.

Hinweis

Sie müssen nicht zwingend den Inhaber des Shops oder den Geschäftsführer der Firma auf der Startseite sprechen lassen. Bei kleinen Unternehmen bietet sich das zwar an, aber die nette Service-Mitarbeiterin oder das Maskottchen tun es auch. Auch inhaltlich kann sich Ihre Startseite vollkommen von dieser unterscheiden. Wenn beispielsweise nicht die »geprüfte Qualität« im Fokus steht sondern »Trends und Marken«, darf die Expertin ruhig verschwinden und einem Text Platz machen, der verdeutlicht, dass es hier die neusten Produkte oder besten Dienstleistungen gibt, die der Markt zu bieten hat. Schauen Sie auf die Zielgruppe und setzten Sie Prioritäten! Universelle Startseiten gibt es leider nicht.

6.2 Kategorieseiten

Auf vielen Kategorie oder Übersichtsseiten herrscht textlich gähnende Leere. Da werden Produktbilder aufgelistet oder Linklisten präsentiert, die alles andere als spannend sind.

Sie werden sich vielleicht fragen, was man denn auf einer Übersichtsseite schon großartig schreiben kann. Eine ganze Menge! Und zwar
so, dass die Kunden Infos und Tipps erhalten und Lust bekommen,
sich die Detailseiten anzuschauen. Nehmen wir die Kategorieseite
»Holzspielzeug« des Spielzeug-Shops. Der Einstiegstext könnte so aussehen:

Kreatives Holzspielzeug – 100 Prozent Natur, 100 Prozent Spaß

*Keine Chemikalien, keine Giftstoffe! Bei ABC-Naturspielzeug
können Sie sich sicher sein, dass alle Bestandteile der Produkte vollkommen unbedenklich sind. Wir bieten ausschließlich Holzspielzeug an, das auf allergieauslösende Lacke und Lasierungen, auf
Kunststoff und Metallteile verzichtet und mit ungiftigen Pflanzenfarben gefärbt wurde.*

*Wir haben Ihnen ein ausgesuchtes Sortiment aus Holzspielzeug für
Babys und Kinder jeder Altersklasse zusammengestellt. Fördern
Sie die Fertigkeiten Ihres Kindes mit der kunterbunten Motorik-
Schleife, bringen Sie die Kleinen mit der lustigen Watschelente
zum Lachen oder lassen Sie den Nachwuchs mit dem Rutschauto
durch den Garten toben!*

*Frisch eingetroffen: Holzpuzzle mit Lieblingstier-Motiven! Von
Hund und Katze über Kuh und Pferd bis hin zum Kaninchen und
zum Hamster gibt es bei uns ab sofort 5teilige Bilderpuzzle für
Kinder ab 2 Jahren.*

*Klicken Sie auf das Vorschaufoto oder auf den Button, wenn Ihnen
ein Holzspielzeug gefällt! Sie erhalten dann nähere Informationen
zum Produkt.*

KREATIVES HOLZSPIELZEUG – 100 PROZENT NATUR, 100 PROZENT SPAß

Keine Chemikalien, keine Giftstoffe! Bei ABC-Naturspielzeug können Sie sich sicher sein, dass alle Bestandteile der Produkte vollkommen unbedenklich sind. Wir bieten ausschließlich Holzspielzeug an, das auf allergieauslösende Lacke und Lasierungen, auf Kunststoff und Metallteile verzichtet und mit ungiftigen Pflanzenfarben gefärbt wurde.

Wir haben Ihnen ein ausgesuchtes Sortiment aus Holzspielzeug für Babys und Kinder jeder Altersklasse zusammengestellt. Fördern Sie die Fertigkeiten Ihres Kindes mit der kunterbunten Motorik-Schleife, bringen Sie die Kleinen mit der lustigen Watschelente zum Lachen oder lassen Sie den Nachwuchs mit dem Rutschauto durch den Garten toben!

Frisch eingetroffen: Holzpuzzle mit Lieblingstier-Motiven! Von Hund und Katze über Kuh und Pferd bis hin zum Kaninchen und zum Hamster gibt es bei uns ab sofort 5teilige Bilderpuzzle für Kinder ab 2 Jahren.

Klicken Sie auf das Vorschaufoto oder auf den Button, wenn Ihnen ein Holzspielzeug gefällt! Sie erhalten dann nähere Informationen zum Produkt.

Das Keyword »Holzspielzeug« taucht in der Überschrift und im Text auf. Einige Wörter sind mit Links unterlegt. Wenn der Kunde mit der Maus über die jeweiligen Wörter fährt, verrät der Link-Title, wohin es beim Klick geht. (Mehr zu Keywords und Linkaufbau in den Kapiteln 8.2 und 9)

Im oberen Bereich sind die »allergieauslösenden Lacke« und die »ungiftigen Pflanzenfarben« verlinkt. Sie können die Besucher so aus dem Text heraus direkt zu weiterführenden Informationen, etwa zu Ratgebern, zu Glossarartikeln oder zu Erläuterungen im Servicebereich führen. Zudem sind die erwähnten Holzspielzeuge im Text verlinkt. Hier geht es auf Wunsch direkt zur Produktseite.

Eingangs wird erneut das besondere Merkmal des Shops in den Vordergrund gestellt. Anschließend gibt es einen kleinen Ausblick aufs Sortiment. Es folgt ein Hinweis auf neue Produkte im Shop und der Besucher bekommt erklärt, wie er sich nähere Infos zu den Holzspielzeugen anzeigen lassen kann. Unter dem Eingangstext erscheint die Artikelvorschau der Kategorie mit Kurzbeschreibungen der Spielzeuge:

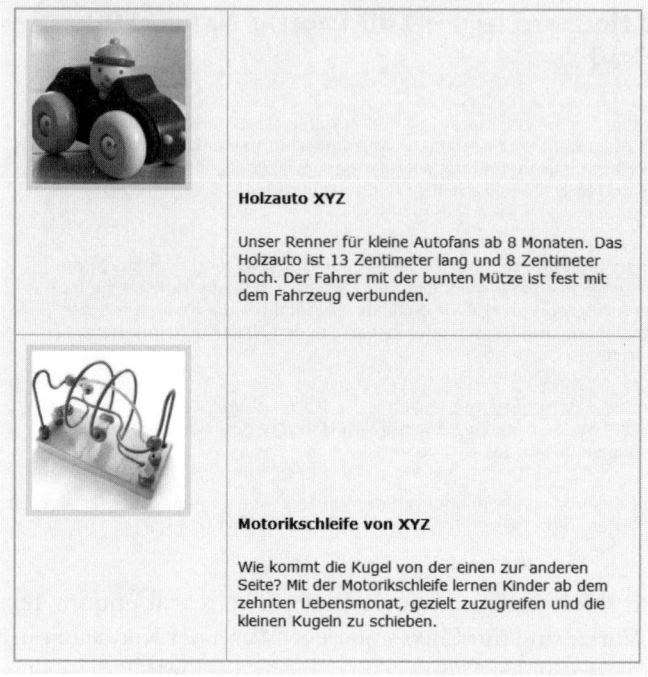

Holzauto XYZ

Unser Renner für kleine Autofans ab 8 Monaten. Das
Holzauto ist 13 Zentimeter lang und 8 Zentimeter
hoch. Der Fahrer mit der bunten Mütze ist fest mit
dem Fahrzeug verbunden.

Motorikschleife von XYZ

Wie kommt die Kugel von der einen zur anderen
Seite? Mit der Motorikschleife lernen Kinder ab dem
zehnten Lebensmonat, gezielt zuzugreifen und die
kleinen Kugeln zu schieben.

Holzauto »XYZ«

*Unser Renner für kleine Autofans ab 8 Monaten. »XYZ« ist 13
Zentimeter lang und 8 Zentimeter hoch. Der Fahrer mit der bunten Mütze ist fest mit dem Fahrzeug verbunden.*

Motorik-Schleife von XYZ

*Wie kommt die Kugel von der einen zur anderen Seite? Mit der
Motorik-Schleife lernen Kinder ab dem zehnten Lebensmonat,
gezielt zuzugreifen und die kleinen Kugeln zu schieben.*

Die beiden Beispiel-Kurztexte sind nur jeweils 30 Wörter lang, verraten aber bereits Details, die für die Kaufentscheidung wichtig sind. Bei
der Motorik-Schleife wird die Förderung des Kindes erwähnt. Beim
Auto wird vermittelt, dass ein kleines Kind das Männchen nicht verschlucken kann, weil die Figur mit dem Fahrzeug fest verbunden ist.

> ### Hinweis
>
> Im Ladengeschäft kann die Mutter das Auto in die Hand nehmen und prüfen, ob das Männchen festsitzt. Auf einem Foto ist das nicht zu erkennen. In den Webtexten müssen Sie die möglichen Fragen, die auftauchen könnten, direkt beantworten und Zweifel und Bedenken ausräumen. Das gilt für Produkte ebenso wie für Dienstleistungen.

6.3 Produkt- und Detailseiten

Auf der Produktseite entscheidet sich, ob der Besucher den Artikel in den Warenkorb legt oder nicht. Bei Dienstleistungen handelt es sich um die Detailseite, die ein bestimmtes Angebot vorstellt. Hier muss das Angebot überzeugen und gibt noch mehr zu beachten:

Angenommen, Sie verkaufen Jeanshosen für Damen. In einer Woche gehen 100 Bestellungen ein. Kurze Zeit später werden 70 Hosen im Rahmen des Rückgaberechts zurückgeschickt. Sie hatten in der Produktbeschreibung nicht erwähnt, dass die Modelle ausgesprochen klein ausfallen und dass man die Jeans zwei Nummern größer bestellen sollte. 70 Hosen umsonst verschickt, 70 Kundinnen verärgert, die nun im Internet nach Diätratgebern suchen... und zwar nicht bei Ihnen.

Sie als Shopbetreiber sind derjenige, der die Waren in die Hand nehmen kann. Schreiben Sie auf, was der Besucher nicht sehen kann. Auf unserer Kategorieseite war es beispielsweise die Tatsache, dass das Männchen im Auto »Bruno« mit dem Fahrzeug fest verbunden ist, so dass kleine Kinder nicht Gefahr laufen, die Figur zu verschlucken.

Die Mühe lohnt sich allemal, wenn Sie damit die Anzahl der Retouren reduzieren können und dadurch Geld sparen. Zudem ist der Service dann nicht im Dauerstress. Durch gute Produktbeschreibungen beantworten Sie Fragen, die Kunden sonst per E-Mail oder Telefon stellen würden. »Fragen beantworten« kostet Zeit und Geld.

Die Produktbeschreibungen müssen also die Sinne ersetzen und gleichzeitig beraten. Versetzen Sie sich in den Kaufinteressenten und beantworten Sie die wichtigsten Fragen zum Produkt. Welche Endgeräte können mit dem angebotenen Kabel verbunden werden? Zu welchen Speisen passt der Wein besonders gut? Hat die Jeans Gesäßtaschen oder Verzierungen auf der Rückseite? Welchen Klang hat die Spieluhr und wie riechen die angebotenen Duftkerzen? »Duftkerze Vanille« ist hier sicher eine treffende Beschreibung des Herstellers, wirklich ansprechend und verkaufsfördernd wird der Text aber erst, wenn er Gefühle anspricht.

Die Produktbeschreibungen können und sollten dazu genutzt werden, dem Kunden Gründe für einen Kauf zu liefern. Selbst wenn der alte Fernseher noch funktioniert, ist dieser besser, denn er hat diese Zusatzfunktion und jenen praktischen Anschluss und verbraucht weniger Strom als das Vorgängermodell.

Verkaufsfördernde Produktbeschreibungen müssen drei Kriterien erfüllen:

- sie müssen beschreiben
- sie müssen Fragen beantworten
- sie müssen die Kauflust wecken

Eine Produktbeschreibung im Onlineshop besteht in den meisten Fällen aus vier Teilen. Zunächst kommt der Kurztext, der stichpunktartig die wichtigsten Merkmale aufzählt und neben dem Produktbild platziert ist. Von hier aus führt ein Link zu den »Weiteren Infos«.

Abb. 6.1: Ein Beispiel aus dem http://www.real-onlineshop.de: Links das Produktbild, rechts die Kurzinformation mit Link zu weiteren Infos.

Es folgt die eigentliche Produktbeschreibung, die nicht länger als 150 Wörter sein sollte. Darunter werden mit Hilfe von Bulletpoints noch einmal die wichtigsten Merkmale herausgestellt. Gegebenenfalls werden abschließend die technischen Details aufgeführt.

Wussten Sie, dass Babys sich im Schlaf viel häufiger bewegen als Erwachsene? Wenn da die Windel nicht perfekt sitzt, tritt Nässe aus, die schnell unangenehm wird und Babys Schlaf stört. Die Baby Dry Windeln von Pampers sind so konstruiert, dass sie auch dann nicht verrutschen, wenn Ihr Baby sich im Schlaf dreht oder zappelt. Die Windeln schließen Feuchtigkeit bis zu 12 Stunden ein und bescheren Ihrem Kind einen ungestörten Schlaf.

Mit diesem Giga-Packet erhalten Sie 180 Baby Dry Windeln in der Größe 3 für Babys mit einem Gewicht von 4 bis 9 Kilogramm.

- 180 Windeln für Babys mit einem Gewicht von 4 bis 9 Kilogramm

- Extra Trockenheitslage

- Schließt Feuchtigkeit bis zu 12 Stunden lang ein

- Einfach aufreißbare Seiten, damit sich die Windel schnell und sauber öffnen lässt

- Bequemer, körpergerechter Sitz

- Die dehnbare Windelverschlüsse passen sich den Bewegungen Ihres Babys an

Abb. 6.2: Es folgt die Kurzbeschreibung mit emotionaler Ansprache und eine Auflistung der Vorteile.

Bei Dienstleistungen können Sie ähnlich vorgehen. Starten Sie mit einem kurzen Text, der das Angebot vorstellt und die wichtigsten Infos liefert. Platzieren Sie darunter eine übersichtliche Liste mit den Details. Ausführliche Erläuterungen zum Angebot können Sie nach der Übersicht einfügen oder auf einer separaten Seite mit weiteren Informationen zu bestimmten Inhalten oder Abläufen.

6.4 Serviceseiten

Im Servicebereich Ihrer Webseite haben Sie erneut die Chance, mit den Texten Besucher zu Kunden zu machen. Hier können Sie beweisen, dass Ihnen Service und Transparenz besonders wichtig sind. Das gelingt natürlich nicht mit den klassischen Servicethemen wie den Lieferzeiten, den Allgemeinen Geschäftsbedingungen, den Hinweisen für Sammelbestellungen oder den Datenschutzhinweisen. Diese Angaben sind zwar wichtig, aber nicht unbedingt fesselnd.

Erweitern Sie die Serviceseiten mit Texten, die den Besuchern einen echten Mehrwert bieten! Die Inhalte sind natürlich stark vom Angebot abhängig. So können Sie im Schmuckshop beispielsweise Schablonen und Anleitungen zur Ermittlung der Ringgröße anbieten oder im Modeshop eine Stilberatung und ausführliche Größentabellen. Ratgeber rund um die Produkte werden gerne gelesen.

Bei Dienstleistungsangeboten können Sie genaue Abläufe in Wort und Bild vorstellen oder aber Ihre Maßnahmen zur Qualitätssicherung vorstellen. Überlegen Sie, welche Serviceangebote außerhalb der Standards Ihren Besuchern das Angebot näher bringen oder den Kauf der Produkte erleichtern.

Darüber hinaus sind immer wieder die saisonalen Themen ein Anlass, im Servicebereich zusätzliche Texte anzubieten.

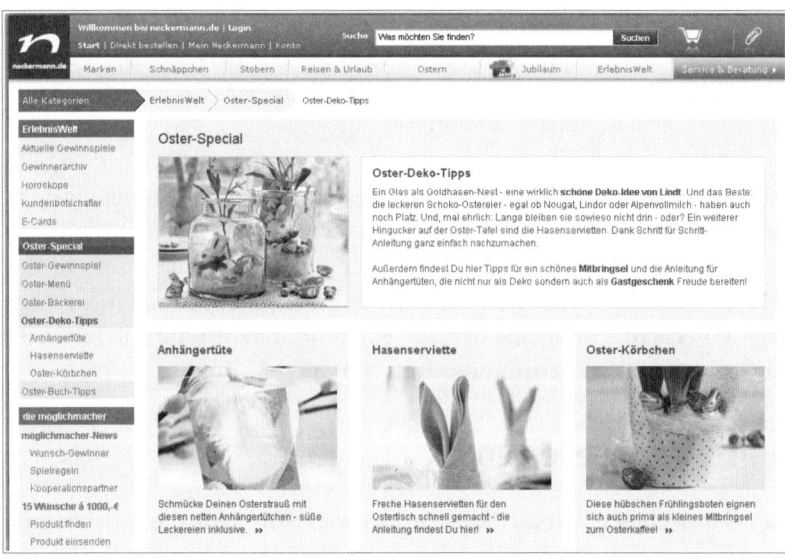

Abb. 6.3: Ein Oster-Special im Servicebereich von www.neckermann.de

6.5 Exkurs: Benutzerfreundlichkeit (Usability)

Es ist nicht leicht, bei hoher Mitbewerberdichte Kunden auf die Webseiten zu holen. Suchmaschinenoptimierung und Marketing sind zeitaufwändig. Umso ärgerlicher ist es, wenn die Besucher die Seite wieder verlassen, ohne zu bestellen oder Kontakt aufzunehmen. Die Gründe hierfür liegen nicht selten in einer unzureichenden Benutzerfreundlichkeit. Das heißt, versteckte Barrieren versperren den Weg oder sind die Ursache für den Abbruch des Bestellvorgangs. Insbesondere Formulare bergen Hürden, die Internet-Laien nicht locker überspringen können. Doch auch andere Usability-Fehler vertreiben die Kunden.

6.5.1 Die Benutzerführung

Jede Webseite hat eine Navigationsleiste und eine gute Suchfunktion. Aber auch hier gilt: Nicht jeder Besucher kennt sich damit aus und diejenigen, die sich auskennen, haben mit hoher Wahrscheinlichkeit keine Lust, sich lange mit der Menüleiste zu beschäftigen. Benutzerfreundlichkeit bedeutet auch, dass der Kunde mit wenigen Klicks und ohne große Mühe ans Ziel gelangt. Die intuitive Benutzerführung macht es möglich. Die Webseiten sollten also so aufgebaut sein, dass der Kunde durch Texte und Bilder direkt zum gesuchten Angebot kommt. Auf der Startseite sollten die Kategorien in Wort und Bild inklusive weiterführenden Links vorgestellt werden. Auf der Kategorieseite (im Shop) oder auf der Übersichtsseite (auf Dienstleistungswebseiten) geht es weiter zu den Unterkategorien und dann direkt zu den Produkten oder konkreten Angeboten. So kann der Besucher sich weiterklicken, ohne einen Blick auf die umständliche Navigationsleiste zu werfen.

6.5.2 Dateien, Links und neue Fenster

Wer sich nicht besonders gut mit dem Computer auskennt, der ist schnell überfordert, wenn er ein Wort anklickt und plötzlich verlangt wird, dass der Adobe Reader für das Lesen eines PDF-Dokuments heruntergeladen werden muss oder die Installation eines Medienplayers erforderlich ist, damit ein Video abgespielt werden kann. Kennzeichnen Sie Dateilinks also unbedingt als solche und erklären Sie vorab, welche Programme notwendig sind. Dateilinks sollten anders aussehen als gewöhnliche weiterführende Links, damit der Besucher nicht versehentlich mit Hürden konfrontiert wird. Sie sollten zudem jeden Link mit einem Link-Title-Tag versehen, so dass der Kunde beim Darüberfahren mit der Maus textlich sieht, wohin es beim Klick geht (Nähere Informationen zum Einbau des Link-Titles erhalten Sie in Kapitel 8.2.2. »Wohin mit den Keywords?«, Abschnitt »Link-Title«).

Vermeiden Sie es, ständig neue Fenster aufpoppen zu lassen. Unerfahrene Benutzer werden dadurch verwirrt und schließen einfach alles, um dem Chaos zu entfliehen.

6.5.3 Newsletter-Abonnements und Bestellvorgänge

Schon die Anmeldung für den Newsletter artet für Kunden häufig in Arbeit aus. Da soll der Besucher erklären, wie er auf die Webseite gelangt ist, welche Produktgruppen ihn interessieren, wann er geboren ist, wo er geboren ist, wo er wohnt und wenn es ganz schlimm kommt, wie hoch das monatliche Haushaltseinkommen ist und ob er Kinder und Haustiere besitzt. Der Hintergrund ist klar, allerdings ist der Newsletter das wichtigste Kundenbindungsinstrument eines Anbieters im Internet und sollte deshalb schnell und unkompliziert zu abonnieren sein. E-Mail-Adresse und Name genügen vollkommen. Mehr brauchen Sie nicht, um Interessenten mit News und Angeboten zu versorgen. Der Kunde wird das genauso sehen und die Anmeldung abbrechen, wenn Sie nach Daten und persönlichen Angaben fragen. Jede Barriere, die hier aufgebaut wird, ist verschenktes Geld.

Ganz heikel wird es schlussendlich beim Bestellvorgang. Ist der Vorgang zu lang, zu kompliziert oder unverständlich, dann machen viele Kunden einen Rückzieher oder brechen die Bestellung genervt ab.

Ärgernis Nummer 1 ist die Beschriftung der Eingabefelder. Hier taucht wieder das alte Problem der Verständlichkeit auf. Internetprofis wissen, dass sie Felder mit Sternchen ausfüllen müssen und dass ein (optional) darauf hinweist, dass die Angabe freiwillig ist. Laien wissen das aber nicht und werden ganz sicher zunächst die Erklärung zum Sternchen übersehen. Sie wissen auch nicht, was eine Kunden-ID, ein Username oder ein Userpasswort ist und schon gar nicht, wofür sie es brauchen.

Verbinden Sie also den Bestellvorgang nicht mit der Einrichtung eines Kundenkontos! Der Besucher hat sich Waren ausgesucht und möchte sich kein Passwort ausdenken und merken. Schon gar nicht, wenn er keine Sonderzeichen (?) benutzen darf und wenn er nach der ersten Eingabe erfährt, dass das gewählte Wort zu kurz, zu lang oder ungeeignet ist. Er möchte keine Anleitungen zur Registrierung studieren und auch keine unheimlich tollen Vorteile im Kundenkonto. Er möchte schlicht bestellen.

Vor allem möchte er wissen, ob er bestellt hat oder nicht. Sollte also beim Ausfüllen ein Fehler passiert sein und das Formular wurde nicht abgeschickt, muss das deutlich inklusive Begründung vermittelt werden. Nehmen Sie den Kunden textlich an die Hand und erläutern Sie, was er im nächsten Schritt tun muss. Ist die Bestellung erfolgt, darf die deutliche Bestätigung auf der Webseite und in Form einer zusammenfassenden E-Mail nicht fehlen.

Generell gilt: Machen Sie es dem Kunden so einfach wie möglich! Überprüfen Sie alle wichtigen Begriffe auf den Webseiten auf Verständlichkeit und gehen Sie dabei davon aus, dass der Kunde kein Englisch spricht und sich nicht mit technischen Details auskennt. Führen Sie den Besucher mit Hilfe der Texte mit wenigen Klicks zum Produkt und gestalten Sie alle Formulare schlank und verständlich.

6.5.4 Formulare und Benutzerführung

Die Benutzerfreundlichkeit ist im Internet enorm wichtig. Nicht jeder Besucher ist ein Internetprofi und kennt die üblichen Abläufe auf Webseiten. Denken Sie also unbedingt daran, dass Sie für eine bessere Verständlichkeit konkrete Anweisungen geben. Hierzu gehören die Handlungsaufforderungen am Ende des Textes und das Vermeiden der technischen Begriffe und Fremdwörter. Der Besucher muss verstehen, was Sie schreiben und er muss wissen, was er als nächstes tun muss, um ans Ziel zu gelangen.

Hier sollten Sie insbesondere den Formularen Aufmerksamkeit schenken. Es ist üblich, dass Felder, die mit Sternchen gekennzeichnet sind, ausgefüllt werden müssen, damit das Formular überhaupt abgesendet wird. Das Sternchen hat jedoch für unerfahrene Internetnutzer keine Bedeutung. Vermutlich wird es noch nicht einmal bewusst wahrgenommen. Erläutern Sie also zusätzlich in Form eines kleinen Textes, was die Symbole bedeuten, worauf der Nutzer beim Ausfüllen achten soll und was er als nächstes tun muss, um einen Schritt weiter zu kommen.

Ist das Formular nicht richtig ausgefüllt worden, wird es für gewöhnlich nicht abgeschickt. Erläutern Sie hier dem Nutzer genau, an welcher Stelle er einen Eintrag vergessen hat und wie er den Fehler korrigieren kann. Geben Sie ihm zusätzlich Sicherheit, indem Sie erklären, dass das Formular – etwa eine Bestellung – noch nicht abgesendet wurde. Unerfahrene Nutzer vermuten andernfalls vielleicht, dass sie eine Bestellung doppelt aufgeben und brechen den Vorgang verunsichert ab.

Auch nach dem Absenden des Formulars sollten Sie textlich bestätigen, dass alles funktioniert hat und erläutern, was als nächstes passiert (Wir setzen uns mit Ihnen in Verbindung / Ihre Bestellung ist angekommen. Sie erhalten zur Bestätigung eine E-Mail usw.)

Häufige Fehler bei der Benutzerführung und der Gestaltung von Formularen:

- Die Bedeutung des Sternchens bei Pflichtfeldern und Bedeutungen anderer Symbole in Formularen werden nicht deutlich.

- Der Nutzer wird gefragt, ob er einen HTML- oder einen Text-Newsletter abonnieren möchte. Diese Begriffe sind vielen unerfahrenen Nutzern unbekannt. Auch Fachausdrücke wie *Kunden-ID, Log-in, Registrieren, Personalisieren der Benutzeroberfläche* und ähnliche Begriffe sollten entweder vermieden oder wenigstens genau erklärt werden. (Wo findet der Kunde die Benutzer-ID? Was ist der Sinn eines Passworts? Worauf muss er bei der Auswahl eines Passworts achten? Was bedeutet Log-in und was muss er machen, um sich einzuloggen?)

- Hat der Nutzer ein Formular falsch oder unvollständig ausgefüllt, werden lediglich Felder farbig markiert. Hier fehlen die textlichen Erläuterungen zum Fehler und die Erklärung, was zu tun ist.

- Der Nutzer erhält keine Information, ob das Formular abgesendet wurde, ob der Vorgang funktioniert hat und wie es nun weitergeht.

Häufige Fehler in Onlineshops:

- Neben dem Produkt ist nur ein Einkaufswagen abgebildet. Unerfahrene Nutzer können zwar erraten, dass sie darauf klicken müssen, um ein Produkt in den Warenkorb zu legen, besser ist es jedoch, eine textliche Erläuterung zu liefern. *Klicken Sie auf den Einkaufswagen, um das Produkt in den Warenkorb zu legen.* Auch hier sollte jeder nächste Schritt genau erklärt werden, um Bestellabbrüche zu vermeiden.

- Auf Übersichtsseiten mit Produkten wird ein Button mit der Aufschrift »Jetzt bestellen« eingefügt. Ein unerfahrener Nutzer denkt, dass er bestellt, wenn er darauf klickt. Fügen Sie den »Jetzt bestellen«-Button nur auf der Produktseite ein und verwenden Sie für Übersichtsseiten die Beschriftung: »Weitere Informationen zum Produkt«.

6.6 Little Shop of Horrors: So machen Sie Besucher nicht zu Kunden

Hier ein Beispiel dafür, was passieren kann, wenn Sie die Benutzerfreundlichkeit aus den Augen verlieren. In der kleinen Geschichte wird der Besuch im Onlineshop auf ein Ladengeschäft übertragen:

Ein Kunde kommt in ein Ladengeschäft. Der Verkäufer breitet die Arme aus und ruft engagiert: »Herzlich willkommen in unserem Geschäft«. Danach legt er dem Neuankömmling wortlos ein paar Produkte vor die Nase und verschwindet wieder. Komisch?

Das ist aber exakt die Situation, die viele Shopbetreiber im Internet ihren Kunden zumuten. Gut, ein Onlineshop ist kein Ladengeschäft und einen Verkäufer gibt es auch nicht, aber das Gefühl ist das gleiche, wenn auf der Startseite ein Begrüßungssatz steht und darunter ein paar

Produkte aufgelistet sind. Es kommt sogar noch besser. Der Besucher steht ein wenig verloren und orientierungslos im Eingang, starrt auf die Sportsocken und T-Shirts, die der Verkäufer ausgebreitet hat, und fragt sich, wo er die Cordhosen für Damen findet, die er sucht. Gibt es in diesem Shop überhaupt Damenhosen? Er schaut sich um und sieht in der Ferne ein paar Wegweiser, auf denen steht:

- Gfhffhgrt
- Hggftr
- gfttr

Er versteht kein Wort und sucht nach dem Verkäufer. Keiner da! Ich übertreibe? Angenommen, der Kunde spricht kein Englisch und ist ein Internetneuling. Dann ist es völlig egal, ob Sie die Navigationspunkte im Shop wie oben erwähnt nennen oder ob Sie die Navigationspunkte so nennen:

- Women Fashion
- Style Basics
- FAQ

Das ist keineswegs aus der Luft gegriffen. Ein sehr großer Teil der deutschen Internetnutzer spricht kein Englisch. Und nur ein verschwindend geringer Teil der potentiellen Kunden hat eine grobe Vorstellung davon, dass man unter dem Menüpunkt FAQ Antworten auf häufige Fragen erhält.

Nehmen wir an, dass der Besucher aus Versehen auf »gfhffhgrt« klickt und tatsächlich eine Cordhose für Damen findet, die ihm gefällt. Die Cordhose ist allerdings eingepackt. Er kann sie nicht anfassen, nicht auseinanderfalten und das Wäscheetikett ist auch unerreichbar. Auf der Verpackung klebt ein kleines Schild mit der Aufschrift: **Damen-Cordhose, schwarz, 39,90 Euro**

Mehr ist über die Hose nicht zu erfahren. Der Kunde fragt sich, ob die Hose groß ausfällt und ob sie auf der Rückseite eine Tasche oder eine Stickerei hat. Kann man ja nicht sehen. Er zögert, entschließt sich aber dann doch, die Hose mitzunehmen. Er möchte bezahlen, sieht aber nirgendwo eine Kasse. Neben dem Cordhosen Regal prangt eine Leuchtreklame, die einen Einkaufswagen zeigt. Sie sieht etwa so aus:

»Meine Güte!« wird der Verkäufer später auf Nachfrage sagen. »Der hätte doch nur auf die Leuchtreklame drücken müssen. Weiß doch jeder, dass sich dann die Tür zum Kassenraum öffnet!« Unser Kunde wusste es nicht! Doch er hat Glück im Unglück. Er stolpert gegen die Leuchtreklame und landet im Kassenraum. Bevor er sich aber in die Schlange einreihen darf, tritt ein Mitarbeiter des Hauses auf ihn zu und fragt, ob er sich ein khjhz (Kundenkonto) einrichten will, weil er ja dann seine ölfgt jjdht (Benutzeroberfläche personalisieren) kann und auch sonst einige Vorteile hat. Außerdem dürfe er sonst gar nicht zur Kasse durch.

Der Kunde nickt verzweifelt und nachdem er dem unbekannten Mitarbeiter des Hauses verraten hat, was seine Hobbys sind, wie viel Geld er im Monat verdient und in welcher Straße seine Mutter geboren wurde, soll er sich ein cvyxouj (Passwort) ausdenken. Verunsichert stammelt er »bezahlen« und schaut den Mitarbeiter fragend an. Der schüttelt nur den Kopf und verkündet, dass das cvyxouj (Passwort) mindestens neun Stellen haben muss und außerdem müsse es mindestens eine Zahl enthalten, hdgsv (Sonderzeichen) seien aber nicht erlaubt. Der Kunde versucht es eingeschüchtert mit »bezahlen2«. Der Mitarbeiter des Hauses nickt gnädig und drückt dem Kunden ein Formular in die Hand, das er ausfüllen soll. Kurze Zeit später schüttelt der Mitarbeiter erneut den Kopf.

»Sie haben das Formular falsch ausgefüllt!!«

»Warum denn, wo denn?«, fragt der Kunde.

»Sag ich nicht! Das müssen sie schon selber rausfinden!«, antwortet der Mitarbeiter.

Der Kunde liest sich alles noch einmal durch und entdeckt, dass er ein mashgdr (Pflichtfeld) übersehen hat. Glücklich überreicht er das Formular dem Mitarbeiter, der endlich zufrieden zu sein scheint.

»Wollen Sie unseren sgdggfb (Newsletter) abonnieren?«, fragt der Mitarbeiter.

»Äh… ich wollte eigentlich nur bezahlen«, antwortet der Kunde.

»Sie müssen die Frage beantworten, sonst dürfen Sie nicht durch!«

Der Mitarbeiter verschränkt die Arme, der Kunde gibt sich geschlagen.

»Okay, meinetwegen nehme ich den sgdggfb, was immer das auch sein mag.«

»Wollen Sie den sfsdt-sgdggfb (Text-Newsletter) oder den lsfdt-sgdggfb (HTML-Newsletter)?«

»Puh… also eigentlich … ja von mir aus… den dings… den lsfdt-sgdggfb! Kann ich jetzt durch?«

Der Mitarbeiter schüttelt den Kopf. Er erklärt, dass der Kunde jetzt kurz nach Hause laufen müsse. Im Briefkasten würde er ein Schreiben finden, das er unterschrieben wieder mitbringen müsse. Er faselt etwas von kshdgrt (Double-Opt-In) und verschränkt die Arme.

Der über alle Maßen geduldige Kunde tut, wie ihm geheißen. Endlich hat er sein khjhz (Kundenkonto) und darf durch zur Kasse. Er legt die Hose aufs Band und zückt seine Kreditkarte, während er aus dem Augenwinkel sieht, dass nun der Kassierer den Kopf schüttelt.

»Diese Kreditkarte nehmen wir nicht und außerdem sind Sie Neukunde. Neukunden dürfen nur per Vorabüberweisung zahlen. Wenn wir das Geld haben, dann bekommen Sie die Hose! Wir wissen schließlich nicht, ob Ihr Konto überhaupt gedeckt ist, wir kennen Sie ja gar nicht. Dafür haben Sie sicher Verständnis, oder?«

Ich breche die Geschichte an dieser Stelle ab, denn sie ist unrealistisch. Der Kunde hätte in Wirklichkeit schon im Eingang kehrt gemacht und hätte seine Hose woanders gekauft.

Das Beispiel des armen Kunden soll deutlich machen, wie wichtig die Benutzerfreundlichkeit (Usability) in einem Onlineshop ist. Für einen Internetprofi, der englischen Sprache mächtig, sind die beschriebenen Hindernisse kein Problem. Um es aber noch einmal ganz deutlich zu sagen:

Die meisten Besucher Ihres Shops verstehen den Internet-Fachjargon nicht, ein Großteil kann auch mit gängigen englischen Begriffen nur wenig anfangen. Verlassen Sie sich bloß nicht auf die tolle Suchfunktion in Ihrem Shop. Falls ein unerfahrener Kunde sie überhaupt entdeckt, ist noch lange nicht gesagt, dass er sie benutzt, geschweige denn, dass er damit zurechtkommt.

Kapitel 7

Weitere Webtexte

Wenn Sie auf Ihrer Webseite Ihre Produkte und/oder Dienstleistungen untergebracht haben, sollten Sie die zahlreichen Möglichkeiten nutzen, auch außerhalb dieser Basistexte auf Ihr Angebot aufmerksam zu machen. Mit Blick auf die Suchmaschinenoptimierung (Kapitel 8) und den Linkaufbau (Kapitel 9) bieten sich hier einige Textmöglichkeiten besonders an, die nachfolgend erläutert werden. Gleichzeitig bedeuten gute Online-Texte auch immer »Öffentlichkeitsarbeit« im Netz, denn wann immer ein Leser auf Ihren Namen stößt, besteht die Chance, dass er sich zur Webseite weiterklickt und zum Kunden wird.

7.1 Pressemitteilungen

Die Pressearbeit im Internet gestaltet sich wesentlich einfacher als die klassische Öffentlichkeitsarbeit in den Medien. Es gibt unzählige kostenlose und kostenpflichtige Presseportale im Netz, die Ihre Meldung weit streuen. Die Meldung muss also nicht erst von einer Zeitung oder einem anderen Medium angenommen und publiziert werden. Das Presseportal selber ist schon ein Multiplikator, da die Meldung auf jeden Fall online erscheint – auf dem Portal und auf vielen angeschlossenen Seiten, die den automatischen News-Service der Portale nutzen.

Um die Pressemeldung einzustellen, müssen Sie heute nicht einmal mehr auf die Suche nach geeigneten Presseportalen gehen. Wenn Sie sich Zeit und Arbeit sparen wollen, können Sie die Dienste von Serviceanbietern wie beispielsweise PR-Gateway oder prmaximus annehmen. Die Verteilerdienste sind jedoch kostenpflichtig.

Ihre Meldung erscheint nach der Freigabe in allen Presseportalen, die Sie zuvor aus einer Liste ausgewählt haben. Zudem haben Sie die

Möglichkeit, in den sozialen Netzwerken wie Facebook und Twitter und über RSS-Feed auf die Pressemitteilung hinzuweisen.

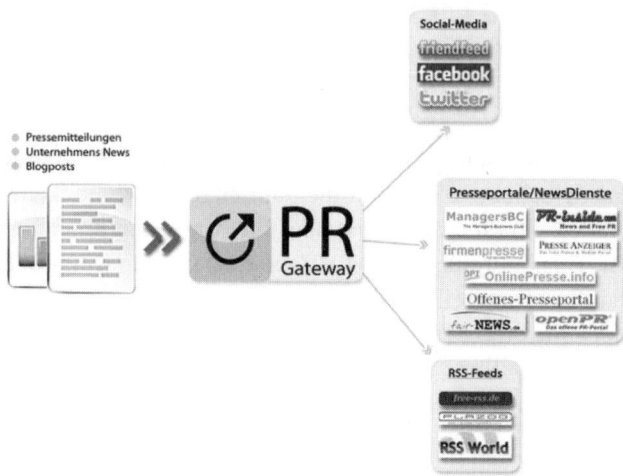

Abb. 7.1: Bei http://www.pr-gateway.de/ werden Ihre Pressemitteilungen an nahezu alle Online-Presseportale, an soziale Netzwerke und RSS-Feeds weitergeleitet.

Unabhängig von den Verteiler-Diensten können Sie sich natürlich auch selber einen Presseverteiler aufbauen. Hier sollten Sie zunächst die wichtigsten Presseportale im Netz und die Fachmedien aufnehmen. Beinahe jedes Magazin hat heute einen Online-Auftritt und nimmt Pressemitteilungen auch per E-Mail entgegen. Suchen Sie sich einfach die Medien heraus, die thematisch zu Ihrem Angebot passen. Hierzu können Sie beispielsweise Portale wie Fachzeitungen.de aufsuchen und sich direkt in den Rubriken die richtigen Empfänger heraussuchen.

Sie können den Presseverteiler für Ihre Webseite mit Blogs erweitern. Suchen Sie sich hierzu im Internet Blogs heraus, für die Neuigkeiten aus Ihrem Fachgebiet interessant sein könnten. Thematisch sortierte Blogverzeichnisse und Blogkataloge helfen Ihnen dabei.

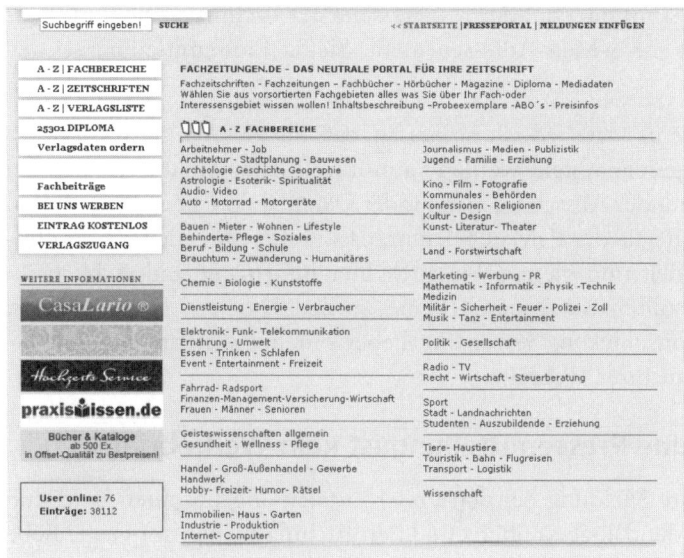

Abb. 7.2: Bei http://www.fachzeitungen.de/ finden Sie die Zeitschriften und Publikationen nach Fachgebiet geordnet.

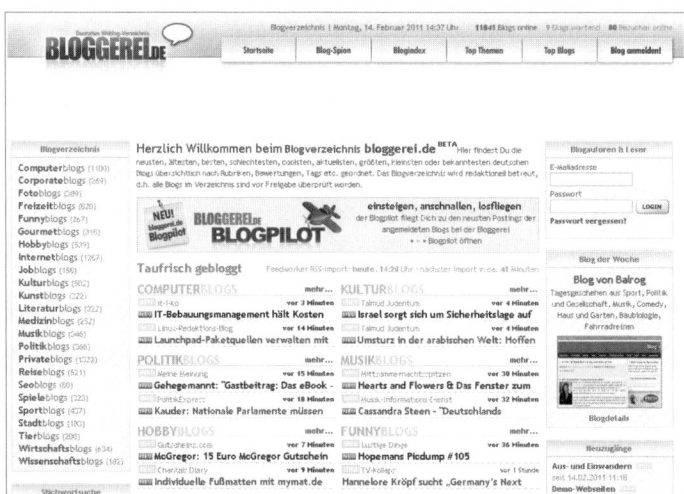

Abb. 7.3: Bei http://www.bloggerei.de/ sind Blogs in Themenkategorien gelistet.

Im Impressum oder auf der Kontaktseite der Fachmagazine und Blogs finden Sie die E-Mail-Adressen, an die Sie die Pressemitteilung senden können.

Bieten Sie in Mails jedoch immer an, dass die Zusendung von Pressemitteilungen abbestellt werden kann und löschen Sie die Medien bei entsprechender Absage wieder aus der Datenbank. Geben Sie schon in der Betreffzeile der E-Mail bekannt, dass es sich um eine Pressemitteilung handelt und bleiben Sie auch hier informativ und sachlich. In E-Mails sollten Sie generell keine großen Dateien (Fotos, Videos, Audio) mitschicken. Setzen Sie lieber einen Link zum Downloadbereich auf Ihrer Webseite.

7.1.1 Eine Pressemitteilung ist kein Werbebrief

Damit Ihre Meldung bei den Presseportalen angenommen wird und auch bei den Blogbetreibern und den Fachmagazinen auf Gegenliebe stößt, muss sie ein ganz wichtiges Merkmal erfüllen: Sie muss eine Neuigkeit transportieren. Reine Werbeschreiben sind hier nicht gerne gesehen. Sie brauchen einen »Aufhänger«, also einen Grund für die Veröffentlichung. Dies kann ein neuer Service, ein Gewinnspiel, eine Aktion, ein kostenloses Angebot für die Kunden, eine Veranstaltung, eine Kooperation, eine Auszeichnung, eine Erweiterung des Sortiments oder eine andere Neuerung sein. Deshalb ist es wichtig, dass Sie in regelmäßigen Abständen für frische Inhalte und neue Ideen sorgen. Das Angebot bleibt so lebendig und Sie haben einen Grund, Kunden und Medien erneut anzuschreiben.

Die Tonalität

Bei einer Pressemitteilung steht die Information im Vordergrund, nicht die Werbung! Sie sollte also unbedingt in einem sachlichen, informativen Sprachstil gehalten sein.

Die Überschrift

Bei der Überschrift der Pressemitteilung gibt es zwei wichtige Punkte zu beachten. Sie sollte den Grund für die Veröffentlichung verraten und sie sollte wichtige Keywords (mehr dazu in Kapitel 8.2) enthalten. Das ist deshalb wichtig, weil auch die Pressemitteilungen auf der Ergebnisliste der Suchmaschine und in der speziellen Google-News-Suche angezeigt werden, wenn die User nach den enthaltenen Begriffen suchen. Die Überschrift sollte etwa 60 Zeichen lang sein.

Der Untertitel

Ähnlich wie bei den anderen Webtexten folgt nach dem Titel die Einleitung, die den Inhalt kurz zusammenfasst. Der Untertitel besteht aus maximal zwei Sätzen. Er wird in der Vorschau auf dem Portal und auf anderen Webseiten angezeigt.

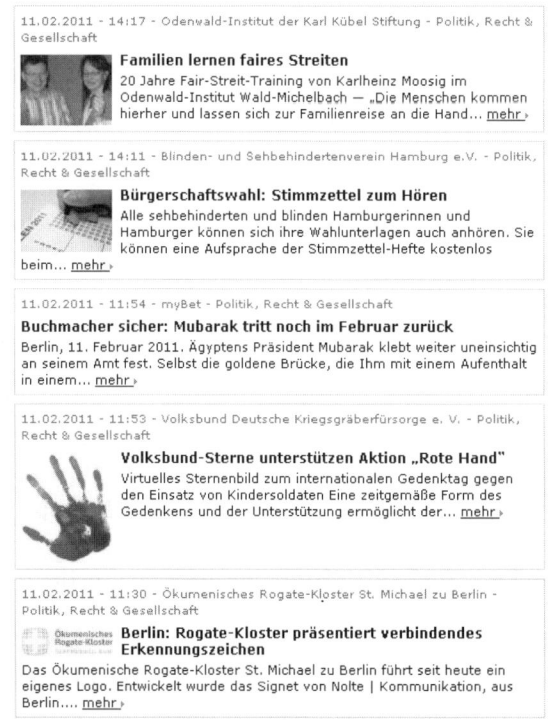

Abb. 7.4: Überschrift und Untertitel oder Einleitung erscheinen im Presseportal auf der Übersichtsseite

Der erste Abschnitt

Der erste Absatz der Pressemitteilung beantwortet die wichtigsten Fragen:

WER macht WAS, WANN, WO und WARUM?

Achten Sie auch hier darauf, dass Sie wichtige Suchbegriffe verwenden, mit denen User nach Meldungen rund um das Thema Ihres Angebots suchen. Halten Sie sich an den Spruch: Fakten! Fakten! Fakten! Eine Pressemitteilung braucht keine langatmige Einführung und auch die Firmendarstellung gehört nicht in den ersten Absatz. Eine Pressemitteilung muss von unten nach oben kürzbar sein. Ganz oben stehen also die wichtigsten Punkte, die Sie mitteilen wollen.

Der zweite Abschnitt

Im zweiten Abschnitt können Sie in die Tiefe gehen und beispielsweise genaue Abläufe einer Aktion beschreiben, Entwicklungen erläutern oder aber besondere Vorteile für die Kunden darstellen. Auch hier gilt: Das Wichtigste gehört nach oben. Halten Sie die Sätze kurz und arbeiten Sie mit Absätzen. Eine Pressemitteilung fürs Internet ist letztlich auch nur ein Webtext. Es gelten also die gleichen Regeln inklusive der Möglichkeit, die wichtigsten Punkte noch einmal stichpunktartig aufzuführen, damit der Text scannbar wird.

Der letzte Abschnitt

Den Abschluss der Pressemitteilung bildet die Kontaktadresse mit Ansprechpartner. Die meisten Onlineportale fragen diese Daten beim Einstellen der Pressemitteilung ohnehin ab. Sie müssen hier also nur dem Formular folgen. Ganz wichtig ist auch die kurze Firmenbeschreibung, die dem Leser mehr über Ihr Unternehmen und die Branche, in der Sie tätig sind, verrät. Tragen Sie hier die wichtigsten Firmendaten zusammen. Ergänzen Sie die klassischen Kontaktmöglichkeiten mit Links zu Ihren Seiten in den sozialen Netzwerken. Insgesamt sollte eine Pressemitteilung inklusive aller Elemente nicht länger als eine Seite sein. Grundlage ist eine gängige 12-Punkt-Schrift mit einfachem Zeilenabstand.

7.2 Blogtexte

Der Blog gehört heute zur Standardausstattung einer erfolgreichen Webseite. Er erfüllt gleich mehrere wichtige Funktionen. Blog-Leser sind Nachrichten-Multiplikatoren, die Ihre Meldungen verlinken und in den sozialen Netzwerken weitertragen. Mit einem Blog wird Ihre Webseite auch über die Google-Blogsuche und über die Blogverzeichnisse im Netz gefunden. Blogs dienen dem Dialog mit dem Kunden, der Marktforschung und der Markenbildung. Über fundierte Artikel im Blog können Sie den Lesern Ihre Kompetenz in Ihrem Fachgebiet beweisen und sich einen Ruf als Experte aufbauen. Auch mit Blick auf die Suchmaschinenoptimierung ist der Blog ein wichtiger Bestandteil des Webauftritts. Da hier ständig neue Artikel erscheinen, bleibt die Webseite aktuell. Darüber hinaus können Sie in die Artikel – je nach Thema – wichtige Keywords rund um Ihr Angebot einbauen und sogar auf Produkte und Dienstleistungen verweisen. Sie liefern den Kunden durch News, Ratgeber, Testberichte, Interviews, Gewinnspiele, Berichte und Hintergrundinfos kontinuierlich Gründe, Ihre Seite erneut zu besuchen.

Doch worauf sollten Sie beim Aufbau des Blogs achten, damit Sie viele Stammleser gewinnen? Auch hier brauchen Sie zunächst ein Konzept. Der Blog sollte ein Thema in den Vordergrund stellen, so dass die Leser wissen, was sie erwartet. Sie haben die Möglichkeit, ein Fachgebiet zum Kernthema zu machen, die Firma selber, ein bestimmtes Produkt oder einen Service. Der zweite wichtige Punkt: Blogs müssen authentisch sein und sollten nicht zur reinen Werbeveranstaltung ausarten. Die Artikel müssen den Lesern einen Mehrwert bieten – sei es durch Informationen oder durch Unterhaltung.

Sprechen Sie die Leser entweder persönlich an oder benennen Sie ein Blogautoren-Team, das mit Fotos und Namen vorgestellt wird. Blogs leben von den Kommentaren und von Diskussionen. Klar, dass der Besucher lieber mit einer Person als mit einer anonymen Firma redet. Die Interaktivität sollten Sie stets fördern, denn ein Blog ist kein Nachrichtenmagazin sondern ein Treffpunkt im Netz, an dem Erfahrungen und Meinungen ausgetauscht werden. Reagieren Sie also zeitnah auf Kommentare und halten Sie die Diskussionen so in Gang. Nur ein »lebendiger« Blog wird gerne und oft besucht. Stellen Sie täglich mindestens einen neuen Artikel online, damit es sich für die Leser lohnt, öfter vorbeizuschauen und Ihr Blog nicht in Vergessenheit gerät.

Es gibt nicht jeden Tag Neuigkeiten aus dem Unternehmen und auch Shops und Dienstleister werden hin und wieder mit der Themenfindung für Blogartikel kämpfen. Nachfolgend einige Ideen, auf die Sie ausweichen können.

7.3 Interviews

Interviews mit Experten, Promis oder Besuchern werden gerne gelesen und auch die Interviewpartner sind meist sehr gerne bereit, Fragen zu beantworten. Schließlich bleiben sie so im Gespräch, können auf neue Projekte oder ihre eigenen Webseiten verweisen oder bekommen einfach einmal die Möglichkeit, öffentlich ihre Meinung zu einem bestimmten Thema zu sagen. Interviews für Blogs werden meist per E-Mail in Form eines Fragenkatalogs erstellt. Sie müssen also nicht kilometerweit fahren und brauchen auch kein Mikro und keine Kamera. Dennoch ist etwas Vorarbeit erforderlich.

Zunächst müssen Sie passende Interviewpartner finden, die im engen oder im weiteren Sinn mit dem Thema Ihres Blogs in Verbindung stehen. Scheuen Sie sich nicht, auch prominentere Kandidaten anzuschreiben und um ein Online-Interview zu bitten. Eine E-Mail kostet nichts und es kann nicht mehr passieren, als dass Sie eine Absage erhalten. Sagt ein Prominenter zu, haben Sie mit dem Interview garantiert einen Besuchermagneten im Blog. Darüber hinaus können Sie aber auch die Betreiber themenverwandter Blogs oder Experten Ihres Fachgebiets anschreiben. Eine weitere Möglichkeit: Fragen Sie regelmäßige Kommentatoren, Gewinnspiel-Teilnehmer oder treue Kunden, ob sie Lust auf ein Interview haben. Falls Sie bereits mehrere

Interviews im Blog veröffentlicht haben, können Sie in der Anfrage-Mail direkt auf die Beispiele verlinken.

Viele Blogbetreiber arbeiten bei Interviews mit immer gleichen Fragenkatalogen. Schöner ist es jedoch, wenn Sie sich im Vorfeld über den Interviewpartner informieren und die Fragen auf seine Person abstimmen.

Bei der Formatierung des Textes ist es wichtig, dass der Leser die Fragen und die Antworten direkt voneinander unterscheiden kann. Markieren Sie die Fragen beispielsweise fett oder setzen Sie die Antworten als Zitat.

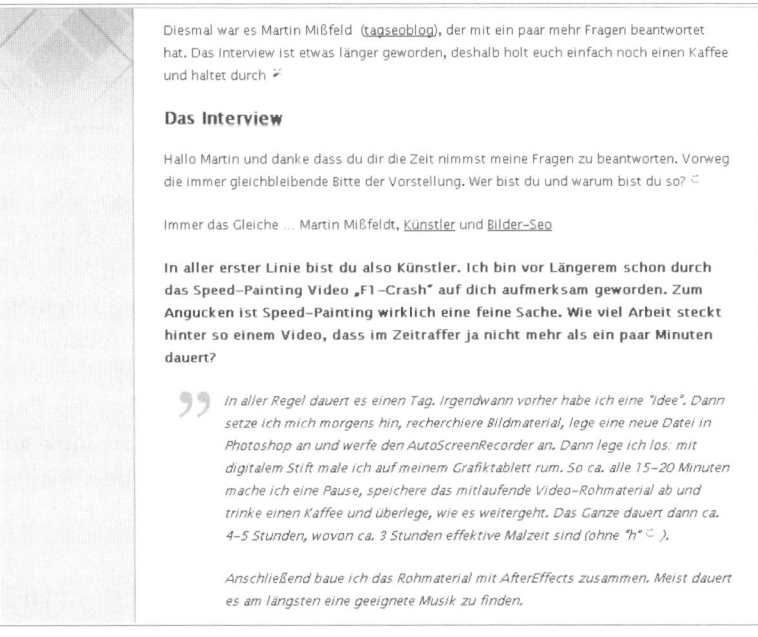

Abb. 7.5: Ein Interview auf `http://www.bohncore.de` – Fragen und Antworten sind deutlich voneinander getrennt und übersichtlich angeordnet.

7.4 Gastartikel

Sehr viele themenbezogene Blogs arbeiten mit Gastartikeln. Das Prinzip ist ähnlich wie bei den Interviews, nur dass hier der Gastautor einen Artikel zu einem bestimmten Thema veröffentlicht. Sie können das Thema selber vorgeben oder dem Autor freie Hand lassen. Bei Gastartikeln handelt es sich meist um Ratgeber, Studien oder Erfahrungsberichte. Der Vorteil: Wer Gastbeiträge veröffentlicht, kann davon ausgehen, dass im Blog des Gastautors auf den Beitrag verwiesen wird. Zudem knüpfen Sie wichtige Kontakte und können im Gegenzug meist auch im Blog des Gastautors einen Fachbeitrag aus Ihrer Feder platzieren. Schreiben Sie in einem ersten Schritt einfach mögliche Gastautoren an oder bieten Sie sich selber als Gastautor an. Auf manchen Webseiten finden Sie sogar entsprechende Buttons und Kontaktformulare, mit denen gezielt nach Gastautoren gesucht wird.

7.4.1 Stöckchen

Sie sind ein wenig aus der Mode gekommen, aber es gibt sie noch: Die Blogstöckchen. Sie funktionieren nach dem Schneeballprinzip und dienen dazu, den Blog mit thematisch verwandten anderen Blogs zu verlinken. Das Stöckchen besteht aus einem Fragenkatalog zu einem bestimmten Thema oder es wird eine kreative Aufgabe formuliert. Ihre Antworten oder Ihre Lösung der Aufgabe bietet im Blog – je nach Inhalt – Information, Unterhaltung und die Grundlage für Diskussionen. Zum Zweck der Vernetzung setzen Sie einen Link auf denjenigen, von dem Sie das Stöckchen erhalten haben, und reichen es per Link am Ende des Beitrags an andere Blogs weiter. Eine Art Staffellauf im Netz!

Nicht jedes Stöckchen eignet sich für Blogs mit geschäftlichem Hintergrund. Suchen Sie also im Netz nach Stöckchen mit thematisch passenden Inhalten. Alternativ dazu können Sie auch ein eigenes Stöckchen entwerfen und in Umlauf bringen.

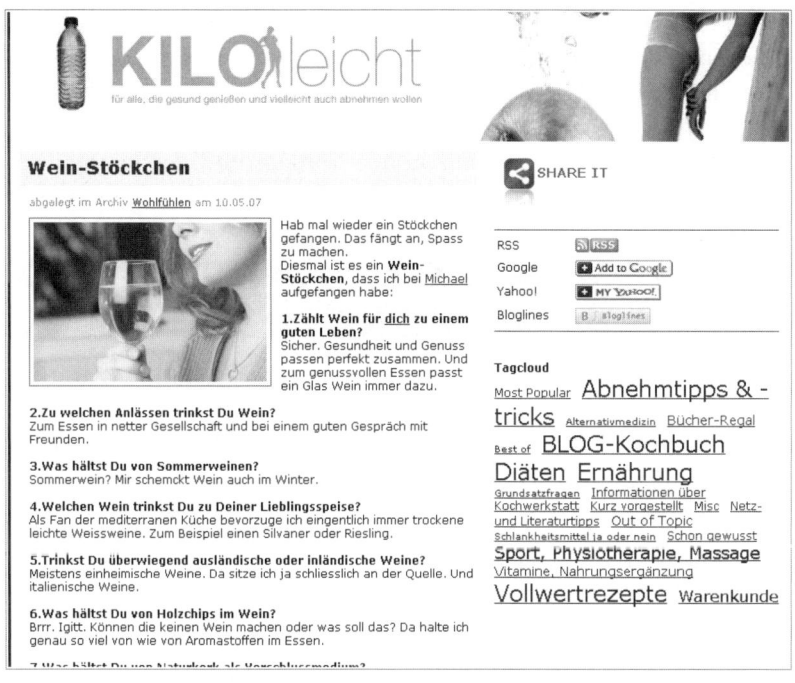

Abb. 7.6: Die Seite http://www.kilo-leicht.de/ hat passend zum Thema der Webseite ein Stöckchen mit Fragen rund um den Wein aufgenommen und beantwortet.

7.4.2 Blogparaden

Blogparaden oder auch ein Blogkarneval behandelt ebenfalls ein spezielles Thema, das in den teilnehmenden Blogs behandelt und diskutiert wird. Hierbei schreibt der Blogautor einen Artikel zum vorgegebenen Thema oder zur Fragestellung und verweist unter dem Ausgangsartikel der Parade auf seine Teilnahme. Im Gegensatz zum Stöckchen ist die Blogparade meist zeitlich begrenzt. Nach dem Ablauf der Frist veröffentlicht der Initiator der Parade eine Zusammenfassung der Beiträge und ein Fazit. Dabei verweist er nochmal auf alle Blogs, die teilgenommen haben.

Auch bei den Blogparaden gibt es solche, die sich eher für private Blog eigenen und andere, die durchaus auch für geschäftliche Blogs interessant sind. Kommen Sie jedoch bloß nicht auf die Idee, im Artikel Ihre Produkte anzupreisen oder anderweitig Werbung zu platzieren. Stellen Sie lieber Ihre Fachkompetenz in den Vordergrund. Sie können sich durch die Blogparade auch ohne Werbung auf neue Besucher freuen.

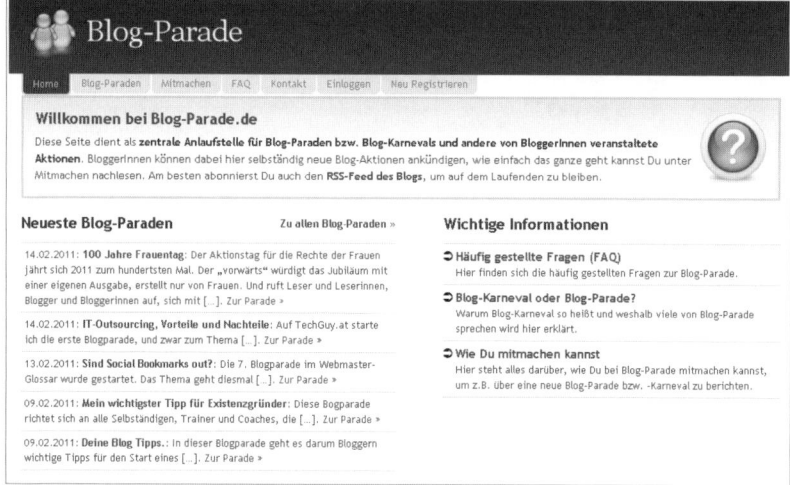

Abb. 7.7: Auf der Seite www. `http://blog-parade.de/` werden aktuelle Blogparaden im Netz ausgeschrieben. Wer eine eigene Blogparade ins Leben ruft, kann sie hier eintragen.

7.5 Ratgeber

Die beliebten kostenlosen Ratgeber rund um Ihr Fachgebiet, nach denen viele Internetnutzer gezielt suchen, können Sie direkt auf der Webseite oder im Blog veröffentlichen. Sie sind ein wichtiger Servicebestandteil der Webseite und sie beweisen, dass Sie sich auf Ihrem Gebiet hervorragend auskennen und das Wissen gerne mit den Kunden teilen. Ein Ratgeber sollte – wie gehabt – in der Überschrift und im Fließtext wichtige Suchbegriffe (mehr dazu in Kapitel 8, »Suchmaschinenoptimierung«) enthalten.

Die Themenvielfalt bei Ratgebern ist enorm. Sie können von allgemeinen Fragen zur Dienstleistung oder zu den Produkten über kreative Vorschläge bis hin zu saisonalen Themen beinahe alles in Form eines Ratgebers veröffentlichen. Als Aufhänger können Feiertage, Ferientage, Jahreszeiten oder aktuelle Trends ebenso dienen wie Gebrauchsanweisungen, Kaufberatung, Problemlösungen oder Anwendungsbeispiele. So können Sie sich im Laufe der Zeit einen Fundus an themenrelevanten Ratgebern aufbauen, der nicht nur der Suchmaschinenoptimierung sondern auch der Reputation und den Kunden dient.

Abb. 7.8: KP Family bietet unter http://www.babyartikel.de neben dem Onlineshop einen umfassenden Ratgeber-Bereich an.

Vergessen Sie nicht, bei jeder Veröffentlichung entsprechende Meldungen in den sozialen Netzwerken mit Link zum Artikel zu posten (mehr dazu in Kapitel 7.8). Ratgeber, Gastartikel und Interviews können Sie zusätzlich als Aufhänger für Pressemitteilungen nutzen.

7.6 Verzeichnisse

Es sind nur kurze Texte, aber sie sind wichtig: die Webkatalogeinträge. Im Internet gibt es sehr viele Webverzeichnisse, in die Sie ihr Angebot eintragen können. Einige dieser Kataloge sind kostenpflichtig. Generell kann man sagen, dass die kostenpflichtigen Kataloge wichtiger sind, da sie redaktionell gepflegt werden und bei Google und Co. höher im Kurs stehen. Das bedeutet, der Link zu Ihrer Seite erhält von hier aus mehr Gewicht. Dennoch lohnt es sich auch, eine Kurzbeschreibung der Webseite mit Link in kostenlose Verzeichnisse einzutragen.

Es reicht allerdings nicht, eine einzige Kurzbeschreibung zu verfassen und überall zu posten. Das Problem des Duplicate Content besteht auch hier (mehr dazu in Kapitel 8.1, »Unique Content«). Die Webverzeichnisse werden von Google aus der Ergebnisliste gestrichen, wenn sie doppelte Inhalte veröffentlichen. Die Betreiber nehmen deshalb aus gutem Grund nur Unique Content an.

Für Sie bedeutet das, dass Sie für jeden Verzeichniseintrag einen neuen Kurztext schreiben müssen. Sie können sich die Arbeit ein wenig erleichtern, wenn Sie kostenpflichtige Dienste wie den von fast-BACKLINK in Anspruch nehmen. Hier formulieren Sie beispielsweise unterschiedliche Titel und unterschiedliche Sätze zu Ihrem Angebot und ein Textgenerator erstellt daraus immer neue Kurzbeschreibungen. Sie sparen sich zudem die Suche nach geeigneten Webkatalogen. Im Portal bekommen Sie über 4000 Webkataloge inklusive Beschreibung und Bewertung aufgelistet.

Abb. 7.9: Mit `http://www.fastbacklink.de/` können Sie Ihre Seite in zahlreiche Webkataloge eintragen.

7.7 Forenbeiträge und Blogkommentare

Im ersten Moment kommt man vielleicht nicht auf die Idee, dass auch Forenbeiträge und Blogkommentare Webtexte sind, die dazu dienen können, Ihre Webseite besser ins Netz einzubinden. Doch bei jedem Kommentar, den Sie in einem Forum oder in einem anderen Blog hinterlassen, wird unter Ihrem Namen ein Link auf Ihre Webseite gesetzt. Sofern die Einstellung der Kommentarfunktion es zulässt, wird dieser Link von der Suchmaschine als Verweis auf Ihre Webseite gewertet. Darüber hinaus locken Sie natürlich auch Leser auf Ihre Webseite, die Ihren Forumseintrag oder Ihren Kommentar interessant finden und wissen wollen, wer sich dahinter verbirgt. Es lohnt sich also, an Diskussionen in thematisch verwandten Blogs und Foren teilzunehmen. Hierbei sollten Sie jedoch eins unbedingt bedenken:

Werbung und Einträge, die allein dazu dienen, einen Link zu generieren, werden gar nicht gerne gesehen. Viele Webmaster löschen solche Beiträge direkt und sperren die IP-Adresse. Schreiben Sie also nur einen Kommentar, wenn Sie wirklich etwas zum Thema zu sagen haben. Lesen Sie sich den Blogartikel sorgfältig durch und bleiben Sie beim Thema. Versuchen Sie, neue Aspekte in die Diskussion zu bringen oder widerlegen Sie Aussagen mit fundierten Argumenten. Es gibt so viele Blogs und Foren im Internet, dass Sie garantiert Artikel finden, zu denen Sie eine ehrliche Meinung haben. Die Mühe lohnt sich allemal, denn der Linkaufbau wird so kontinuierlich vorangetrieben und Sie wecken das Interesse der Blogbetreiber und Leser.

7.8 Soziale Netzwerke

Auch in den sozialen Netzwerken sind Webtexte kurz, aber immens wichtig. Ohne soziale Netzwerke kommt heute kaum ein Anbieter aus. Hier werden Nachrichten weitergereicht und hier wird das Interesse für bestimmte Themen und Meldungen forciert. Voraussetzung dafür, dass Ihnen viele Leute folgen, sind interessante Beiträge. Ähnlich wie beim Blog sollten Sie bei Meldungen in sozialen Netzwerken persönlicher formulieren. Der Ton in den Netzwerken ist eher locker und auch Emoticons dürfen benutzt werden, um den Statusmeldungen den richtigen Ton zu verpassen.

Sprechen Sie die Follower in den Netzwerken direkt an und bieten Sie besondere Aktionen und Informationen, die zum Abonnieren der Kurzmeldungen animieren. Achten Sie darauf, dass viele Nutzer der sozialen Netzwerke die Kurzmeldungen über mobile Geräte abrufen. Wechseln Sie also zwischen reinen Textnachrichten und solchen, die einen Link beinhalten, der in der Folge lange Ladezeiten nach sich zieht.

Abb. 7.10: Das Autorenportal neobooks hält über twitter Kontakt zu den Mitgliedern und Interessenten. Neben Ankündigungen und Aufrufen gibt es auch persönliche Ansprache und lockere Begrüßungen.

Kapitel 8

Suchmaschinenoptimierung

Die Suchmaschinenoptimierung ist im Internet das wichtigste Marketing-Instrument. Die meisten Internetnutzer starten Ihre Online-Sitzung, indem sie Suchbegriffe bei Google eingeben, um Produkte, Informationen oder Dienstleistungen zu finden. Sie bekommen pro Suchbegriff oder pro Suchphrase unzählige Webseiten auf der Ergebnisliste angeboten. Doch die Geduld hält sich in Grenzen und so schauen sie sich allenfalls die ersten Vorschläge an. Viele Untersuchungen haben gezeigt, dass fast ausschließlich die angebotenen Links der ersten drei Ergebnisseiten betrachtet werden. Ist nichts Relevantes dabei, gibt der User kurzerhand andere Suchbegriffe ein. Die Webseiten, die weiter hinten gelistet werden, haben also kaum eine Chance, beachtet zu werden. Für Webseitenbetreiber lohnt es sich deshalb, die Seiten so zu optimieren, dass sie bei der Eingabe relevanter Begriffe hoch oben gelistet werden.

Die Webtexte sind hierbei besonders wichtig. Sie helfen der Suchmaschine dabei, die Webseite thematisch einzuordnen. Die Crawler (Suchroboter) der Suchmaschinen durchforsten den Quelltext der Seite nach Text. Anhand der Begriffe werden die Themen und Schwerpunkte der Webseite ermittelt und die entsprechenden Begriffe zur Seite werden mit in den Index eingeordnet.

Wenn Sie beispielsweise unter dem Begriff »Fotografie« gefunden werden wollen, muss das Wort irgendwo im Text auf der Seite auftauchen, damit sie überhaupt angezeigt wird, wenn jemand nach »Fotografie« sucht. Da auch viele andere Webseiten den Begriff »Fotografie« enthalten, bewertet die Suchmaschine die Relevanz Ihrer Seite im Bezug auf den Suchbegriff.

Hierbei spielen sehr viele unterschiedliche Kriterien eine Rolle. Unter anderem müssen Ihre Texte einzigartig sein. Weitere Bewertungsschwerpunkte sind die Aktualität, die Einbindung der Seite im Internet und die Themenrelevanz.

Doch zunächst müssen Sie die Grundvoraussetzung dafür schaffen, dass Ihre Webseite bei wichtigen Suchbegriffen überhaupt angezeigt wird. Hier können Sie mit der redaktionellen Suchmaschinenoptimierung (On-Page-Optimierung) bereits hervorragende Ergebnisse erzielen. Das heißt, Sie sollten schon beim Schreiben darauf achten, dass wichtige Suchbegriffe im Text auftauchen.

8.1 Unique Content

Google ist bei kopierten Texten gnadenlos. Texte, die doppelt im Netz vorkommen, werden ausgesiebt. Die Seite, die von der Suchmaschine als die wichtigste erachtet wird, landet auf der Ergebnisliste. Alle anderen mit dem gleichen Text rutschen weit nach hinten oder werden gar nicht gelistet. Die wichtigste Eigenschaft eines Webtextes ist – mit Blick auf die Suchmaschinenoptimierung – die Einzigartigkeit. Insbesondere Onlineshop-Betreiber machen hier oft den Fehler, dass sie als Produktbeschreibungen einfach die Texte der Hersteller nutzen. Diese Texte nutzen aber auch sehr viele andere Onlineshops, die das Produkt anbieten. Hier wird die Chance vertan, bei Google hoch gelistet und somit von den Kunden gefunden zu werden.

Es lohnt sich, individuelle und einzigartige Texte zu verfassen. Aber das haben Sie ja ohnehin vor, sonst würden Sie diesen Ratgeber nicht lesen. Was brauchen Sie also zuerst, um Ihre Texte für Suchmaschinen zu optimieren? Richtig: die Suchbegriffe (Keywords), die Sie einbauen wollen.

8.2 Keywords

Google arbeitet mit Maschinen (Crawlern), um die Webseiten richtig in den Index einordnen zu können. Die Crawler suchen in den Texten Ihrer Seite nach Hinweisen auf das Thema und den Inhalt des Angebots. Die Maschine weiß jedoch nicht, dass die »Magie Superbox« in Ihrem Shop ein »Zauberkasten« ist. Wenn im Text das Wort »Zauberkasten« nicht auftaucht, wird die Seite bei einer entsprechenden Anfrage nicht auf der Ergebnisliste bei Google erscheinen. Sie müssen also wissen, mit welchem Begriff die Leute nach der »Magie Superbox« suchen und das Wort (Keyword) in den Text einbauen. In diesem Fall also »Zauberkasten«. Aber wonach suchen die potentiellen Kunden eigentlich? Angenommen, Sie verkaufen Marmelade.

Sie bauen also das Wort »Marmelade« in einen Webtext ein. Fertig? Leider nicht! Was ist mit »Konfitüre«, »Gelee«, »Erdbeermarmelade«, »Kirschmarmelade«? Suchen die Kunden vielleicht doch eher nach »Kirsch Marmelade«? Die genaue Schreibweise spielt durchaus eine Rolle. Mal abgesehen davon, suchen die Kunden nicht unbedingt nach einem Shop, wenn sie »Marmelade« ins Suchfeld eingeben. Vielleicht haben Sie Erdbeeren geerntet und brauchen ein Rezept oder eine Anleitung zum Einkochen von Marmelade. Die Suche nach »Marmelade« ergibt bei Google schlappe 1.730.000 Ergebnisse.

Der Suchende wird die Anfrage sofort verfeinern: »Marmelade kaufen« oder »Erdbeermarmelade Shop«. Vielleicht aber auch »Konfitüre günstig« oder »Gelee aus Kirschen bestellen«.

Das kleine Beispiel verdeutlicht, wie komplex die Ermittlung der richtigen Suchbegriffe ist. Welche Wörter oder Wortkombinationen geben potentielle Kunden ein, wenn sie nach Ihrem Angebot suchen? Sie können einen Text nur sinnvoll auf ein bis zwei Keywords oder Keyword-Kombinationen optimieren. Doch auf welche?

Um die Sache noch komplizierter zu machen: Bei der Wahl der Keywords müssen Sie auf die Mitbewerberzahl achten. Je mehr Mitbewerber Sie für einen Begriff oder eine Wortkombination haben, desto geringer ist die Wahrscheinlichkeit, dass Sie eine hohe Platzierung auf der Ergebnisliste erreichen. Sie brauchen also sinnvolle Suchbegriffe oder Wortkombinationen, bei denen die Mitbewerberzahl gering ist.

Ein fiktives Zahlenspiel

Die Wortkombination »Marmelade Shop« wird monatlich von 5000 Google-Nutzern eingegeben. Sie haben für diesen Begriff 1000 Mitbewerber. Sie optimieren die Seite auf »Marmelade Shop« und landen aufgrund der hohen Mitbewerberdichte auf der fünften Seite der Ergebnisliste mit dem Resultat, dass Sie auf Ihrer Marmelade sitzen bleiben.

Die Wortkombination »Konfitüre bestellen« wird monatlich von 500 Google-Nutzern eingegeben. Sie haben 100 Mitbewerber. Sie optimieren die Seite auf »Konfitüre bestellen« und landen aufgrund der geringen Mitbewerberdichte auf der ersten Seite der Ergebnisliste mit dem Resultat, dass Sie von den 500 Suchenden einen Großteil in den Shop holen.

Tipp

Die Keyword-Analyse kostet viel Zeit und ist enorm wichtig, weil auf den Keywords die komplette Suchmaschinenoptimierung aufgebaut wird. Wenn Sie kein Risiko eingehen wollen, sollten Sie die Keyword-Analyse besser in erfahrene Hände geben und eine professionelle SEO-Agentur beauftragen. Die Experten haben ganz andere Werkzeuge zur Suchbegriff-Ermittlung zur Verfügung und berücksichtigen alle wichtigen Aspekte, die hier nicht dezidiert aufgeführt werden können.

Wenn Sie es trotzdem selber wagen wollen, hier ein paar Anhaltspunkte:

Schnappen Sie sich Stift und Blatt und machen Sie zunächst eine Liste mit möglichen Suchbegriffen und Suchwort-Kombinationen.

8.2.1 Welche Keywords?

Sie können bei der Keyword-Suche für die Einzelseiten Ihres Webauftritts folgende Aufteilung nutzen: Auf der Startseite sollten die allgemeinen Bezeichnungen für Ihr Angebot auftauchen, auf den ersten Unterseiten werden wichtige Oberbegriffe eingefügt und auf den zweiten Unterseiten die konkreten Suchbegriffe. Bei einzelnen Blogartikeln oder redaktionellen Inhalten sollten die Keywords auf das Thema abgestimmt werden. Beispiel für einen Naturspielzeug-Shop:

- Startseite (allgemein) : Naturspielzeug
- Kategorieseite (Oberbegriff): Holzspielzeug
- Produktseite (konkretes Produkt): Holzente

Welche Begriffe nutzen Mitbewerber?

Wenn Ihnen auf Anhieb keine geeigneten Worte einfallen, dann spicken sie doch einfach bei den Mitbewerbern. Durchforsten Sie die Seiten der Konkurrenz nach Wörtern, die potentielle Kunden in die Suchmaschine eingeben könnten. Prüfen Sie, ob Sie das jeweilige Wort selber für die Suche verwenden würden. Es ist eher unwahrscheinlich, dass nach »toxikologisch unbedenkliche Naturfarbstoffe« gesucht wird. Die Kunden würden eher die Wortkombination »ungiftige Farben« verwenden.

Synonyme

Auch im Thesaurus der Textverarbeitung oder im Synonym-Wörterbuch finden Sie Umschreibungen, auf die Sie vielleicht nicht gekommen wären. Im Internet gibt es Synonym-Datenbanken und Keyword-Recherche-Tools, die man kostenlos nutzen kann.

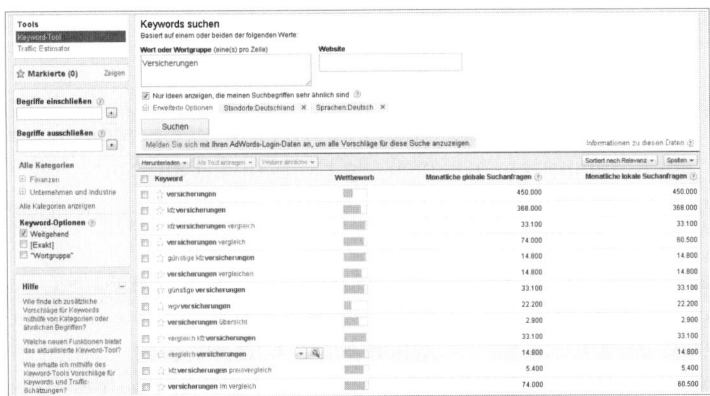

Abb. 8.1: Das Keyword-Recherche-Tool von Google AdWords macht Vorschläge für Synonyme und Wortkombinationen und zeigt eine Suchanfrage-Statistik an.

Abb. 8.2: Bei `http://www.openthesaurus.de` geben Sie einen Begriff ein und erhalten eine Liste mit passenden Synonymen.

Einzahl und Mehrzahl

Schreiben Sie die Begriffe in der Einzahl und in der Mehrzahl auf die Liste.

Zusammen oder getrennt?

Holz-Spielzeug oder Holzspielzeug? Schreiben Sie zunächst alle Varianten auf, die möglich sind. Denken Sie auch an die Reihenfolgen der Begriffe bei Kombinationen: »Spielzeug Holz« und »Holz Spielzeug«.

Standort für die regionale Suche

Suchmaschinennutzer geben oftmals Ortsnamen ein, um Angebote im näheren Umkreis zu finden. Wenn dieser Aspekt für Ihr Angebot relevant ist, etwa wenn Sie zusätzlich zum Onlineshop ein Ladengeschäft besitzen, sollten Sie die entsprechenden Ortsnamen des Einzugsgebiets mit auf die Keyword-Liste setzen.

Umgangssprache und regionale Begriffe

Insbesondere bei Lebensmitteln und Delikatessen spielen regionale Begriffe eine Rolle. Was für den Niederrheiner das Graubrot ist, ist für den Frankfurter das Mischbrot, Semmel, Brötchen, Schrippen oder Kartoffelbrei, Kartoffelpüree, Stampfkartoffeln, Kartoffelmus… die Liste lässt sich unendlich fortsetzen. Wenn es sich anbietet, sollten Sie ein wenig in den regionalen Dialekten wühlen.

Absichten berücksichtigen

Denken Sie daran, dass Sie potentielle Kunden für die Marmelade in den Shop holen wollen und nicht diejenigen, die gerade Erdbeeren geerntet haben. Setzen Sie also Worte wie »Shop, Onlineshop, Online-Shop, kaufen, bestellen, günstig« mit auf die Liste.

Suchvolumen ermitteln!

Sie haben nun eine Liste mit möglichen Suchbegriffen und Kombinationen erstellt. Um herauszufinden, welche dieser Begriffe sich am besten eignen, können Sie das »Google AdWords Keyword Tool« (siehe Bild oben) benutzen.

```
https://adwords.google.de/select/KeywordToolExternal
```

Mit dem Tool erhalten Sie Angaben darüber, wie oft Suchbegriffe bei Google eingegeben werden und wie hoch die jeweilige Mitbewerberdichte ist. Die Mitbewerberdichte bezieht sich auf die Keywords für bezahlte Anzeigen. Dennoch kann man davon ausgehen, dass Webmaster, die entsprechende Werbung mit diesen Begriffen schalten, auch ihre Seiten auf die Begriffe optimiert haben.

Das Tool ist selbsterklärend. Probieren Sie einfach die unterschiedlichen Einstellungen aus!

Suchen Sie für jeden Text ein Keyword oder eine Keyword-Kombination aus zwei oder drei Worten heraus.

8.2.2 Wohin mit den Keywords?

Im nächsten Schritt werden die Suchbegriffe, die Sie ermittelt haben, in die Webseiten eingebaut. Nicht nur in den Texten, sondern auch an Stellen, die für den Besucher nicht direkt zu erfassen sind, etwa im HTML-Code der Seite, in den Dateinamen, in den Alternativtexten für Links und Bilder, in den URLs und in der Navigation. Bei einem neuen Projekt können Sie sogar noch weiter vorne beginnen und gleich bei der Wahl des Domain-Namens die Keywords berücksichtigen.

Ist das Keyword für die Startseite »Naturspielzeug«, registrieren Sie beispielsweise die Domain:

```
www.abc-naturspielzeug.de
```

Wenn Sie bereits eine Domain für den Shop haben, dann belassen Sie es dabei! Es geht auch ohne Keyword in der Domain.

URL

Sie haben eine Liste, auf der für jede einzelne Seite ein bis zwei Keywords oder Keyword-Kombinationen notiert sind. Passen Sie die URL dementsprechend an. Die Kategorieseite mit dem Keyword »Holzspielzeug« benennen Sie so:

```
www.abc-naturspielzeug/holzspielzeug
```

Die Produktseite mit dem Keyword »Holzente«, die unter der Kategorieseite »Holzspielzeug« liegt, bekommt folgende URL:

```
www.abc-naturspielzeug.de/holzspielzeug/holzente
```

Bei Artikeln in Blogs, bei Ratgebern oder redaktionellen Inhalten sollten Sie ebenfalls darauf achten, dass wichtige Suchbegriffe für die Seite in der URL auftauchen. Bei Blogsystemen wird meist die Überschrift automatisch zum URL-Namen. Allerdings können Sie notfalls auch manuell nachbessern.

Menü

Benennen Sie die Links in der Navigationsleiste nach den Keywords für die jeweiligen Seiten. In der Navigation sollte also der Menüpunkt, der zur Kategorie mit dem Keyword »Holzspielzeug« führt, auch »Holzspielzeug« heißen. So haben Sie auf jeder Seite allein durch die Navigationsleiste automatisch wichtige Suchbegriffe für Ihr Angebot erwähnt.

Title

Der Text, den Sie als »Title« eingeben, erscheint als Seitenbeschreibung in der Browserleiste. Auf der Google-Ergebnisliste ist der »Title« die Überschrift Ihres Angebots. Auch wenn dieser Punkt zunächst nebensächlich erscheint, sollten Sie hier sorgfältig texten. Die Überschrift in der Suchmaschine muss ebenso neugierig machen wie jede andere Überschrift auf Ihrer Webseite. Sie zieht die Blicke auf sich und holt die Interessenten auf Ihre Seite. Wenn Besucher die Webseite auf die Favoritenliste setzen, wird sie übrigens mit diesem Title-Kurztext abgespeichert. Der »Title« ist maximal 70 Zeichen lang und sollte Keywords für die jeweilige Seite beinhalten. Er wird folgendermaßen zwischen <head> und </head> eingebaut:

```
<title>Fotografie - Bilder und Fotografen | STERN.DE</title>
```

Abb. 8.3: Aus dem Quelltext der stern-Webseite

Fotografie - Bilder und Fotografen | **STERN**.DE
Alles rund um Fotografie - exklusive Aufnahmen von hochkarätigen Profis und
Nachwuchskünstlern sowie hochwertige Fotos aus allen Bereichen der Fotografie.
www.**stern**.de/fotografie/ - Ähnliche Seiten

Abb. 8.4: So erscheint der Titel im Suchergebnis bei Google.

Description

Die »Description« erscheint auf der Ergebnisliste bei Google als Kurzbeschreibung der Seite. Auch hier gilt: Ein guter Text, der neugierig macht, bringt Besucher auf Ihre Webseite. Die Description ist zwar kurz, aber sehr wichtig. Sie besteht aus etwa 160 Zeichen, sollte erneut das Keyword enthalten und dem Leser das Angebot erläutern.

Die Description wird folgendermaßen zwischen <head> und </head> eingebaut:

`<META NAME="Description" CONTENT="Text">`

```
<meta name="description" content="Alles rund um Fotografie - exklusive Aufnahmen von hochkarätigen
Profis und Nachwuchskünstlern sowie hochwertige Fotos aus allen Bereichen der Fotografie" />
```

Abb. 8.5: Aus dem Quelltext von `www.stern.de`

Fotografie - Bilder und Fotografen | STERN.DE
Alles rund um Fotografie - exklusive Aufnahmen von hochkarätigen Profis und
Nachwuchskünstlern sowie hochwertige Fotos aus allen Bereichen der Fotografie.
www.stern.de/fotografie/ - Ähnliche Seiten

Abb. 8.6: Die Beschreibung erscheint bei Google unter dem Titel.

Fließtext

Die Überschriften werden von der Suchmaschine als besonders wichtig gewertet, denn sie sind deutlich herausgestellt und geben somit einen Hinweis auf das Thema der Seite. Sie sollten also in der Textüberschrift das Keyword verwenden.

Achten Sie darauf, dass Sie die Headline-Tags (H1-H6) verwenden. Es ist zwar möglich, eine Überschrift durch die Schriftgröße und Formatierungen darzustellen, für die Suchmaschinenoptimierung ist der andere Weg jedoch sinnvoller.

Die Hauptüberschrift wird mit dem H1-Tag versehen, die Zwischenüberschriften absteigend mit H2 bis H6. Im HTML-Code sieht das folgendermaßen aus:

`<H1>Lustige Holzente zum Ziehen</H1>`

Der Fließtext auf der Seite sollte möglichst in Abschnitte aufgeteilt werden. Das dient der Übersichtlichkeit und der besseren Lesbarkeit. Auch wenn der Text hauptsächlich für den Leser geschrieben wird, sollten Sie die Suchmaschinenoptimierung bei den Formulierungen berücksichtigen und das Keyword mehrmals erwähnen. Bestenfalls verteilen Sie die Wortwiederholungen gleichmäßig über die Abschnitte.

Prüfen Sie unbedingt, ob die Wiederholungen stören. Streichen Sie lieber die eine oder andere »Holzente« raus, bevor es nervt.

Keyword-Dichte

Als Keyword-Dichte bezeichnet man die Prozentzahl der Wortwiederholungen (Nennung des Keywords) im Bezug auf die Gesamtwortzahl. Wenn Sie beispielsweise einen 200 Wörter langen Text auf die Seite stellen und das Keyword 20 mal erwähnen, haben Sie eine Keyword-Dichte von 10 Prozent… und einen Text, der vor »Holzenten« nur so wimmelt und für den Leser unerträglich ist.

Im Hinblick auf die Lesbarkeit empfiehlt sich eine Dichte von höchstens 3-4 Prozent. Bei einer Textlänge von 200 Wörtern wären das also maximal 8 »Holzenten«.

Google hat es überhaupt nicht gerne, wenn die Texte ganz offensichtlich für die Suchmaschine und nicht für den Besucher geschrieben werden. Wir nähern uns hier einem Verstoß gegen die Richtlinien. Der Fachmann nennt die übermäßige Erwähnung eines Keywords »Keyword-Spamming«. Kurzfristig wirksam für die Platzierung, langfristig eine Gefahr, aus dem Index zu fliegen und für die Kundengewinnung absolut tödlich!

Ich gehe einmal mit ganz schlechtem Beispiel voran:

»Die Besucher und Besucher 'innen werden mit besucher 'unfreundlichen Texten belästigt und so wird des Besucher 's Geduld schnell am Ende sein. Wer das Interesse vom Besucher nicht beachtet, hat bald schon keine Besucher mehr, denn die Besucher - Meinung unterscheidet sich erheblich von der Meinung der Suchmaschinenoptimierer.«

Die wilden Satzzeichen und die verdrehte Grammatik habe ich mir nicht etwa ausgedacht. Sie glauben gar nicht, was Webmaster und selbsternannte SEO-Texter alles anstellen, um ein Keyword – in diesem Fall »Besucher« – möglichst oft unterzubringen. Da wird mit Bindestrichen und Apostroph gearbeitet, das Genitiv-»S« fällt einfach weg oder wird ganz amerikanisch abgetrennt. Die Sätze sind dermaßen sinnentleert, dass der Leser an seinem Verstand zweifelt.

Ich muss wohl nicht erwähnen, dass solche Texte auf Ihrer Seite nichts zu suchen haben. Ganz gewitzte Zeitgenossen versuchen, Google auszutricksen, indem sie sinnlose, keywordüberflutete Texte in der Hintergrundfarbe der Seite einfügen oder außerhalb des sichtbaren Bereichs der Seite platzieren. Andere wählen winzige Schriftgrößen, die mit bloßem Auge nicht mehr zu sehen sind. Der Besucher der Seite ist dadurch entlastet. Der Webmaster auch bald, denn die Seite wird unter Garantie früher oder später aus dem Google-Index fliegen! Lassen Sie sich nicht auf Experimente ein! Bauen Sie Keywords ein, aber übertreiben Sie es nicht!

Tipp

Schreiben Sie den Text zuerst ohne Blick auf die Keywords. So entsteht ein Inhalt mit einem normalen Wortumfeld. Schauen Sie erst danach, an welchen Stellen Sie das Keyword sinnvoll einsetzen oder eintauschen können. Wenn Sie nur auf eine Keyword-Dichte von 2 Prozent kommen, ohne den Leser zu nerven, dann sind es eben nur 2 Prozent!

Texte hinter Bildern

Auf Webseiten gibt es zahlreiche Fotos oder Grafiken. Die Crawler können sich diese Bilder nicht anschauen. Dennoch kann man durch die Alternativtexte (Alt-Text, Alt-Attribut) die Fotos für Google und Co. »sichtbar« machen. Der Alt-Text wird dann angezeigt, wenn der User die Bildanzeige ausgeschaltet hat. Programme für Sehgeschädigte lesen den Alt-Text vor. Es lohnt sich also gleich in vielerlei Hinsicht, diese Möglichkeit zu nutzen. Selbstverständlich muss der Text zum Bild passen und sollte wichtige Keywords enthalten.

Der Alt-Text wird so eingebaut:

```
<img src="www.abc-naturspielzeug.de/
naturspielzeug.jpg" alt="Holzspielzeug"/>
```

Manche Dinge sieht man in der Nacht klarer

In Österreich wird am 31. März ein Dokumentarfilm in die Kinos kommen, der hoffentlich auch bald als DVD erhältlich ist. Er heißt "Abendland" und wurde von Regisseur Nikolaus Geyrhalter gedreht.

Der Film ist laut Ankündigung eine assoziative Reise durch ein nächtliches Europa. Das heißt, die Bilder wirken für sich -- ganz ohne erzählte Geschichte:

(C) Nikolaus Geyrhalter Filmproduktion

Abb. 8.7: So sieht das Bild normalerweise aus.

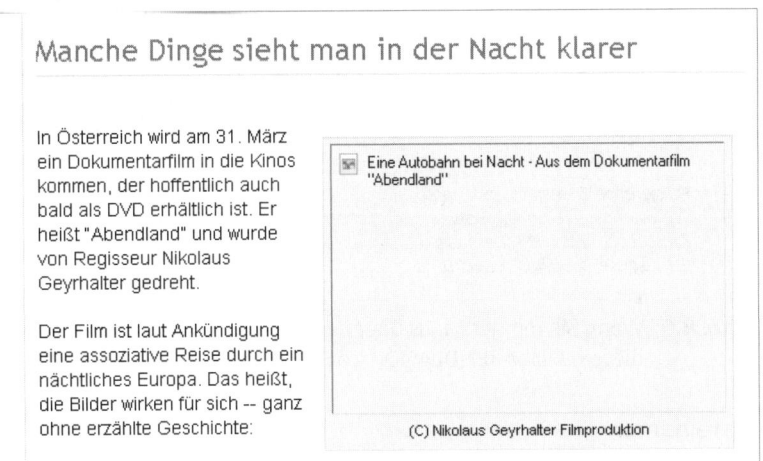

Manche Dinge sieht man in der Nacht klarer

In Österreich wird am 31. März ein Dokumentarfilm in die Kinos kommen, der hoffentlich auch bald als DVD erhältlich ist. Er heißt "Abendland" und wurde von Regisseur Nikolaus Geyrhalter gedreht.

Der Film ist laut Ankündigung eine assoziative Reise durch ein nächtliches Europa. Das heißt, die Bilder wirken für sich -- ganz ohne erzählte Geschichte:

Eine Autobahn bei Nacht - Aus dem Dokumentarfilm "Abendland"

(C) Nikolaus Geyrhalter Filmproduktion

Abb. 8.8: Ist die Bildanzeige ausgeschaltet, erscheint der Alternativtext.

Bildtitel

Der Bild-Title erscheint, wenn man mit der Maus über ein Bild fährt. Während das Alt-Attribut auf jeden Fall gesetzt werden sollte, ist der

Bild-Title ein kleines Extra, in dem sich zudem auch das Keyword unterbringen lässt.

Der Bild-Title wird so eingebaut:

```
<img src="www.abc-naturspielzeug.de/naturspielzeug.jpg"
alt="Naturspielzeug" title="Naturspielzeug für Babys und
Kinder"/>
```

Manche Dinge sieht man in der Nacht klarer

In Österreich wird am 31. März ein Dokumentarfilm in die Kinos kommen, der hoffentlich auch bald als DVD erhältlich ist. Er heißt "Abendland" und wurde von Regisseur Nikolaus Geyrhalter gedreht.

ABENDLAND

(C) Nikolaus Geyrhalter Filmproduktion

Der Film ist laut Ankündigung eine assoziative Reise durch ein nächtliches Europa. Das heißt, die Bilder wirken für sich -- ganz ohne erzählte Geschichte:

Pulsierende Dienstleistungs- und Wohlstandsgesellschaft, Bollwerk der Sicherheit und Ausgrenzung, urbane Zivilisation, hedonistischer Vergnügungstempel, beflügelt und belastet zugleich von Geschichte, Tradition, Hochkultur.

Abb. 8.9: Wenn Sie mit der Maus über das Bild fahren, erscheint der Titel. In diesem Fall: ABENDLAND

Dateinamen

Benennen Sie die Dateinamen so, dass das Master-Keyword im HTML-Code nochmals erwähnt wird. Das bedeutet, Sie speichern ein Bild nicht als »Bild234.jpg« ab, sondern als »naturspielzeug.jpg«.

Link-Title

Auch bei den Links auf Ihrer Seite haben Sie eine Möglichkeit der Optimierung. Der Linktitel verrät dem User bei dem Herüberfahren mit der Maus, wohin der Link führt. Dies ist besonders benutzer-freundlich und kann zudem wiederum dazu genutzt werden, die Key-words zu erwähnen. Für ein Link von der Startseite zu der Rubrik »Holzspielzeug«, könnte der Link-Title so aussehen:

Klicken Sie hier, um direkt zu unseren Angeboten aus dem Bereich Holzspielzeug zu kommen!

Im Code wird der Link-Title so eingebaut:

```
<a href="www.abc-naturspielzeug.de/holzspielzeug"
title="Klicken Sie hier, um direkt zu unseren
Angeboten aus dem Bereich Holzspielzeug zu
kommen!">Holzspielzeug</a>
```

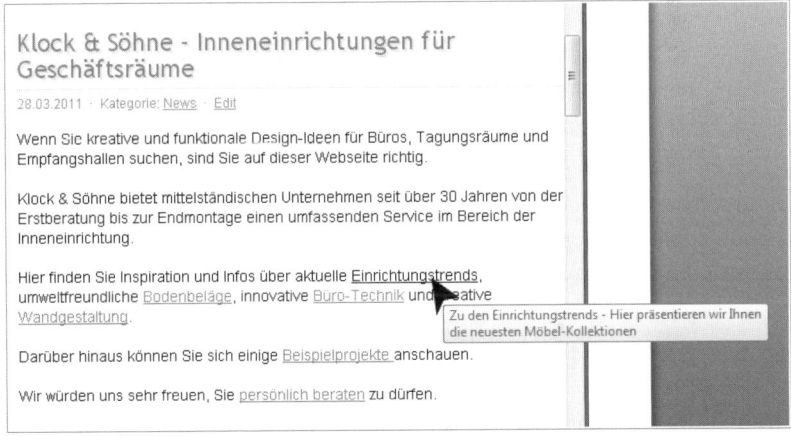

Abb. 8.10: Der Alternativtext für die Links erscheint, wenn Sie mit der Maus über das verlinkte Wort fahren.

Hervorhebungen

Um die Optimierung perfekt zu machen, können Sie das Keyword fett markieren. Sollten sich im Text weitere wichtige Suchbegriffe befinden, können Sie die gleichermaßen hervorheben. Auch auf diese hervorgehobenen Begriffe achtet die Suchmaschine verstärkt. Hier sollten Sie allerdings abwägen, ob der Lesefluss zu sehr gestört wird.

Die Leser sehen oftmals keinen Sinn in den Markierungen und reagieren verwirrt. Bestenfalls markieren Sie so, dass der Besucher beim Querlesen anhand der fett geschriebenen Begriffe einen Überblick über den textlichen Inhalt erhält.

8.3 Interne Verlinkung

Die Seitennavigation führt zwar normalerweise zu allen wichtigen Unterseiten, dennoch sind nur wenige Besucher gewillt, sich durch Menüpunkte und Untermenüpunkte zu quälen. Eine gute Suchfunktion ist heute aus diesem Grund für eine Webseite ein Muss.

Darüber hinaus sollte dem Besucher die intuitive Navigation ermöglicht werden. Das bedeutet, er wird durch Links aus den Texten heraus mit wenigen Klicks zum gesuchten Produkt oder zur gesuchten Information geführt. Die Suchmaschinen folgen dieser internen Verlinkung ebenfalls und finden so auch Unterseiten, die sie sonst vielleicht nicht besucht und indexiert hätten.

Beim Schreiben der Webtexte sollten Sie die interne Verlinkung im Hinterkopf behalten und entsprechende Sätze oder Worte einbauen, die sich für Links auf andere Seiten eignen.

8.4 Aktualität

Wenn Ihre Webseite regelmäßig neue Inhalte vorweisen kann, steigt sie in der Gunst der Suchmaschine. Im Internet gibt es viele brachliegende Webseiten, die seit Jahren nicht mehr gepflegt und aktualisiert werden. Die Suchmaschinen wollen aber aktuelle und besonders hochwertige Suchergebnisse liefern und bevorzugen beim Ranking deshalb Webseiten, die neue Informationen bieten.

Für ein besseres Ranking in der Suchmaschine sollten Sie kontinuierlich für neue Textinhalte sorgen und Ihr Angebot erweitern. Hier bieten sich insbesondere textliche Zusatzangebote wie Blogs, News oder Ratgeber an.

Kapitel 9

Linkaufbau

Damit Ihre Webseite von den Suchmaschinen als relevant eingestuft wird und hoch gelistet wird, muss sie gut ins Internet eingebunden sein. Hierbei ist es besonders wichtig, dass möglichst viele andere Webseiten auf Ihren Internetauftritt verlinken. Viele Verweise auf Ihre Webseite bedeuten für Google und Co., dass Sie hochwertigen Content liefern, für den sich die Internetnutzer interessieren. Damit aber andere Seiten oder Blogs freiwillig auf Ihre Webseite verlinken, müssen Sie entsprechende Inhalte anbieten, die empfehlenswert sind. Darüber hinaus können Sie selber einige Verweise auf Ihre Webseite streuen. Welche Inhalte zu besonders vielen Links führen und wo Sie mit guten Texten Links abstauben können, haben Sie in Kapitel 7 »Weitere Webtexte« erfahren. In diesem Kapitel lernen Sie noch ein paar Hintergründe zum Linkaufbau und zur Einbindung Ihrer Webseite ins Netz kennen.

9.1   Die Nachbarschaft

Sie gestalten mit den ein- und ausgehenden Links Ihrer Webseite ein bestimmtes Umfeld. Je besser dieses Umfeld ist, desto hochwertiger wird auch Ihr eigenes Angebot von den Suchmaschinen eingeschätzt. Erhalten Sie also einen Link von einer Webseite, die bei Google und Co. hoch gelistet wird, ist dieser Link mehr wert als der Link von einer unbedeutenden oder sogar zwielichtigen Seite, die von der Suchmaschine als »schlecht« bewertet wird.

Auch die ausgehenden Links ihrer Webseite tragen zum Gesamtbild bei. Wenn Sie also aus Ihren Texten heraus auf andere Webseiten verweisen oder sich aktiv die Mühe machen, Linkpartner zu suchen, sollten Sie immer darauf achten, dass die Nachbarn keinen schlechten Ruf haben. In einer schmuddeligen Umgebung sinkt das Ansehen. Fast wie im richtigen Leben!

9.2 Themenrelevanz

Wenn Ihre Webseite bei bestimmten Themen von der Suchmaschine als besonders wichtig eingestuft werden soll, muss sie thematisch ins Netz eingebunden werden. Wenn der Spielzeugshop beispielsweise viele Links von anderen Webseiten erhält, die sich vornehmlich mit Familie, Kindern und Freizeit beschäftigen, ist das mehr wert als wenn er Links von Seiten erhält, die sich mit Börsenkursen oder Styling-Tipps befassen. Wenn die ausgehenden Links auf Spielkasinos und Weinshops verweisen, verfälscht sich das Bild ebenfalls. Achten Sie also darauf, dass Sie eine Nachbarschaft aufbauen, die zu Ihrem Angebot passt.

> **Hinweis**
>
> Grundsätzlich sind alle eingehenden Links erst einmal positiv. Sie müssen also nicht gegensteuern, wenn Sie feststellen, dass themenferne Webseiten auf Ihr Angebot verweisen. Wenn Sie aber aktiv den Linkaufbau vorantreiben wollen, haben Sie die Wahl und sollten für eine bessere Platzierung in der Suchmaschine die passenden Nachbarseiten wählen.

9.3 Linktexte

Beim aktiven Linkaufbau schreiben Sie immer wieder kurze und lange Texte, aus denen heraus auf Ihr Angebot verlinkt werden soll. Hierbei sollten Sie darauf achten, dass sich diese Texte voneinander unterscheiden. Die Suchmaschinen arbeiten mit Maschinen, die erst einmal jeden Link auf Ihre Seite als Empfehlung werten. Doch wenn viele Empfehlungen den gleichen Wortlaut haben, riecht das nach Absprache. Das heißt, Google und Co. erkennen, dass es sich hierbei nicht um einen natürlichen Linkaufbau mit freiwilligen Empfehlungen anderer User handelt, sondern um kopierte oder gestreute Texte. Diese Links werden sofort abgewertet und fallen nur ganz gering oder gar nicht mehr ins Gewicht.

Machen Sie sich also immer die Mühe und schreiben Sie unterschiedliche Linktexte. Dies kann beispielsweise dann relevant sein, wenn Sie Fachartikel auf anderen Webseiten veröffentlichen oder Ihr Angebot in Webkataloge eintragen.

Ganz wichtig: Verlinken Sie immer aus dem Text heraus. Das bedeutet, dass Sie ein Wort oder mehrere Wörter mit dem Link unterlegen und nicht einfach die URL aufschreiben.

9.4   Links auf Unterseiten

Wenn es sich anbietet, sollten Sie immer auch auf die Unterseiten Ihres Webangebots verweisen. Schließlich muss jede wichtige Seite Ihres Internetauftritts in der Gunst der Suchmaschine steigen, damit Sie bei Eingabe eines relevanten Suchbegriffs hoch gelistet wird. Achten Sie auch hier auf die Themenrelevanz. Wenn Sie als Spielzeugshop-Inhaber beispielsweise einen Gastbeitrag in einem Kinderferien-Blog schreiben, müssen Sie nicht auf die Startseite Ihres Webshops verlinken. Wählen Sie den Ratgeber zum Strandspielzeug im Servicebereich oder die Übersichtsseite, auf der das Outdoor-Spielzeug gelistet ist.

Bevor es an den Linkaufbau geht, müssen Sie jedoch zunächst die Basistexte der Webseite schreiben. Erst wenn die Webseite überzeugt und das Zeug dazu hat, die Besucher neugierig zu machen und zu halten, ist ein Linkaufbau sinnvoll. Denn Sie haben nichts davon, wenn Sie Besucher auf die Seite locken und sofort wieder verlieren. Doch schon bei den Basistexten können Sie auf eine gute Nachbarschaft bei den ausgehenden Links achten.

Kapitel 10

Texte kaufen?

Wer die Texterstellung auslagern möchte, der findet im Internet mittlerweile zahlreiche Angebote in ganz unterschiedlichen Preisklassen. Der Beruf des Texters ist nicht geschützt und so verdienen sich von der Studentin bis zum Profi-Werbetexter viele Leute ihren Lebensunterhalt oder ein Zubrot mit dem Verfassen von Webtexten. Der Markt ist riesig und gerade im Zuge der Suchmaschinenoptimierung ist die Nachfrage nach optimiertem Content enorm. Dementsprechend steigt das Angebot.

Angesichts der Masse an Text-Dienstleistern aller Qualitätsstufen ist es nicht ganz einfach, die richtige Wahl zu treffen. Grundsätzlich kann man sagen, dass der Preis für die Texte einen ganz guten Anhaltspunkt für ihre Qualität liefert. Ein professioneller Texter lebt von seinem Job und wird für ein paar Euro kaum den Stift in die Hand nehmen.

Für einen gut recherchierten, optimierten Webtext von 400 Wörtern braucht auch ein Profi mindestens eine halbe Stunde – inklusive Einarbeitung ins Thema, Recherche, Schreibarbeit und Abschlusslektorat. Bietet also jemand einen solchen Text für 10 Euro an, kommt er auf einen maximalen Bruttostundenlohn von 20 Euro. Abzüglich Steuern bleibt nicht mehr als ein Taschengeld über, bestenfalls das Gehalt eines Nebenjobs.

Ein ausgebildeter Redakteur oder Werbetexter mit Erfahrung wird sich darauf kaum einlassen. Doch Vorsicht! Auch Text-Profis sind nicht unbedingt Webtexter. Wer perfekte Slogans schreibt, weiß noch lange nicht, worauf es beim Webtext ankommt. Nachfolgend einige Textquellen, die Sie im Internet finden.

10.1 Content-Plattformen

Auf den Content-Plattformen im Internet können Sie eine beliebige Anzahl an Texten in Auftrag geben. Die dort angemeldeten Texter lesen sich die Textwünsche durch und übernehmen die Aufträge, die ihnen zusagen. Der Preis für die Texte ist für gewöhnlich vorgegeben und richtet sich nach einem bestimmten Betrag pro Wort. Einige Portale bieten auch bereits vorgefertigte Webtexte zu bestimmten Themen an. Auch hier steht der Preis dabei.

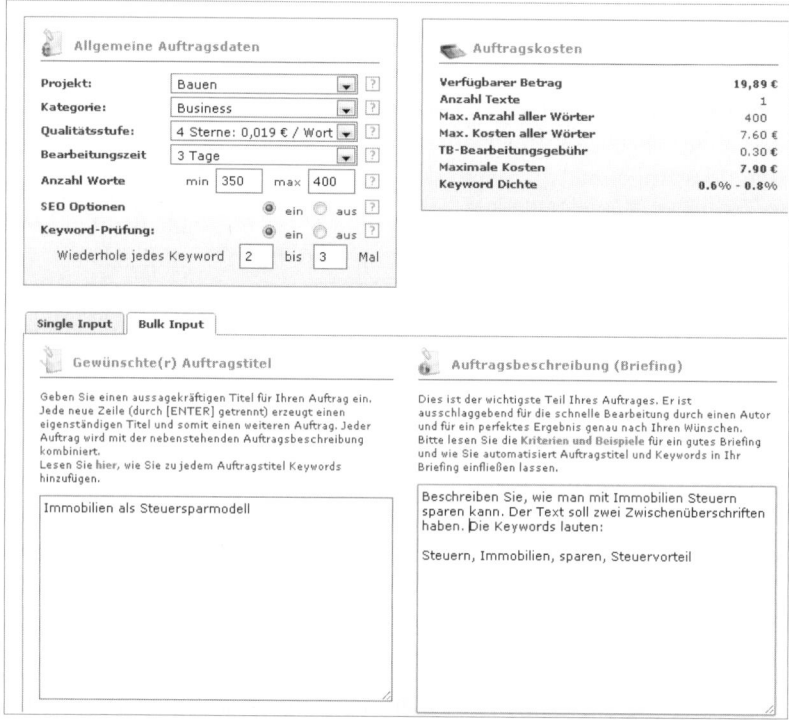

Abb. 10.1: Bei www.textbroker.de geben Sie Texte in Auftrag, die anonyme Texter für Sie schreiben. Sie können die Wortanzahl festlegen, die Qualitätsstufe, die Bearbeitungszeit und die Keywords für die Suchmaschinenoptimierung. Die maximalen Kosten für den Text werden Ihnen vorab angezeigt.

Die bekannteste Text-Plattform im Internet heißt Textbroker. Unternehmen und Webmaster können hier Textaufträge in unterschiedlichen Qualitätsstufen einstellen. Sie versehen die Aufträge mit einem kurzen Briefing und die angemeldeten Autoren können diese anonym übernehmen. Ein direkter Kontakt zwischen anonymem Auftraggeber und anonymem Texter findet nur im Rahmen von Nachfragen zum Textauftrag statt. Texter können darüber hinaus auch direkt angeschrieben und beauftragt werden, doch auch hier werden reale Namen von der Plattform nicht veröffentlicht.

Die Preise für die Texte sind bei Plattformen wie Textbroker sehr gering. Da hier jedoch auch viele Hobbytexter am Werk sind, ist die Qualität der Texte oft Glückssache. Änderungswünsche sind möglich, müssen aber schlüssig begründet werden.

Weitere Content-Plattformen:

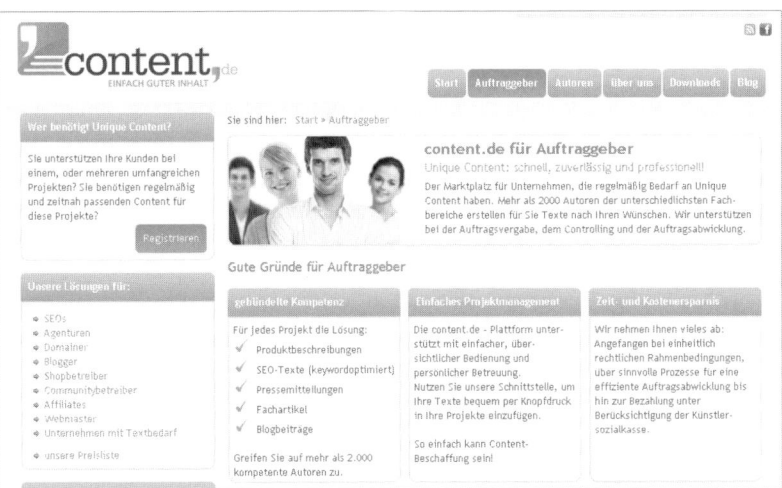

Abb. 10.2: Content.de funktioniert ebenfalls nach dem Textbroker-Prinzip und hat unterschiedliche Text-Qualitätsstufen, nach denen sich die Preise richten.

↕ überschrift	↕ Wörter	↕ Preis	↕ Preis exklusiv
Gesundes Abnehmen mit CaloryGuard2	311	0.55 € ⚠	5.50 € 🛒
Mit der kostenlosen App fürs iPhone oder iPod Touch CaloryGuard2 kannst du auf einfachen Weg gesund Abnehmen oder dein Gewicht halten. Durch die einf […]			
Tomaten selbst anziehen	941	1.67 € 🛒	16.70 € ⚠
Tomatenpflanzen selber ziehen Hier finden Sie eine Beschreibung, wie man Tomaten aus Samen selbst anziehen kann und was dabei zu beachten ist. […]			
Ohne Waffen	561	0.99 € 🛒	9.90 € 🛒
Jede Art der Herstellung von tödlichen Waffen die durch die Politik legitimiert ist, ist die ultimative Vorbereitung zum töten von Menschen. Die Tod […]			
Handymodelle von Sony Ericsson und HTC mit Auszahl...	182	0.76 € 🛒	7.60 € ⚠
Mittlerweile gibt es von Vodafone, O2, E-Plus und T-Mobile bestimmte Tarife und Handymodelle bei denen Sie bei Vertragsabschluss eine Bargeldauszahlun […]			
Blackberry oder Samsung Handymodelle mit Vertrag u...	260	0.46 € ⚠	4.60 € 🛒
Sie möchten ein neues Handy und dazu passend ein neuen Handyvertrag mit geringen monatlichen Kosten? Bei Handyverträgen mit Bargeldauszahlungen kön […]			
Radsport in Ihr tägliches Sportprogramm integrier...	225	0.40 € ⚠	4.00 € 🛒
Wie Sie den Radsport in Ihr tägliches Sportprogramm integrieren und davon profitieren Wenn Sie Abwechslung in Ihr tägliches Sportprogramm bringen […]			
Erwerbsminderungsrente	197	1.15 € 🛒	11.50 € 🛒
Eine verminderte Erwerbsfähigkeit liegt dann vor, wenn man aufgrund von Krankheiten oder Behinderungen nur noch eingeschränkt oder überhaupt nicht […]			
LG und Nokia Verträge mit Auszahlung	272	0.48 € 🛒	4.80 € ⚠
Bei einem Handyvertrag mit Geldauszahlung handelt es sich um einen Handyvertrag bei den du als Kunde von einem Anbieter eine Bargeld Auszahlung erhäl […]			
Atomkraft für den Fortschritt der Menschheit nutz...	343	2.24 € 🛒	22.40 € 🛒
In Frankreich wird die Gewinnung von Energie aus Kernkraft bewusst gefördert, auch in der Schweiz und vielen anderen Ländern der Welt. In Deutschla […]			

Abb. 10.3: Bei http://www.contentworld.com können Sie fertige Texte zu bestimmten Themen kaufen oder ein Content-Gesuch aufgeben, das die angemeldeten Texter umsetzen sollen.

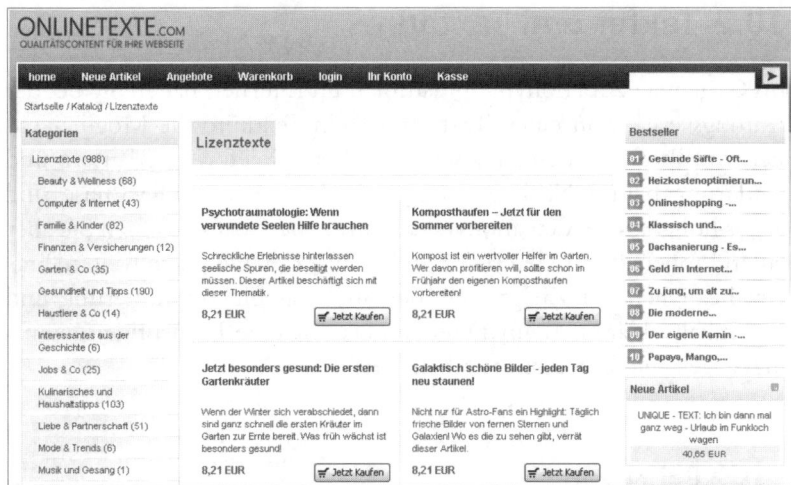

Abb. 10.4: www.onlinetexte.com ist wie ein Onlineshop aufgebaut, in dem der Kunde Texte nach Kategorien suchen und kaufen kann.

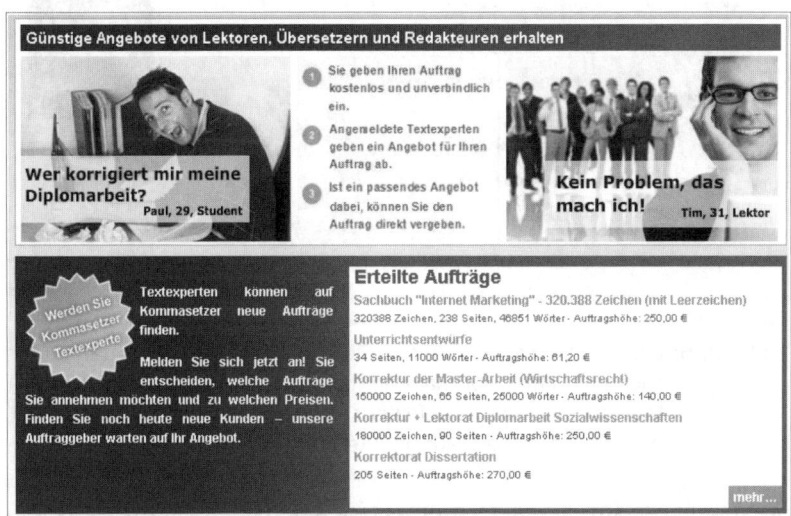

Abb. 10.5: Bei kommasetzer.de beschreiben die Auftraggeber die Textaufträge und die angemeldeten Texter, Übersetzer, Redakteure können ein Angebot machen.

10.2 Texter und Textbüros

Im Gegensatz zur anonymen Plattform im Internet, haben Sie bei der Auftragsvergabe an einen Texter oder ein Textbüro die Möglichkeit, sich von Profis beraten zu lassen, Details am Telefon zu erläutern und Änderungen und Nachbesserungen zu besprechen. Die Preise sind etwas höher als bei den anonymen Plattformen, dafür können Sie aber einen Probetext erstellen lassen und im direkten Gespräch weitere Fragen bezüglich der Zielgruppe, der Suchmaschinenoptimierung und der Inhalte klären. Beim Direktkontakt ist eine langfristige Zusammenarbeit möglich und erstrebenswert.

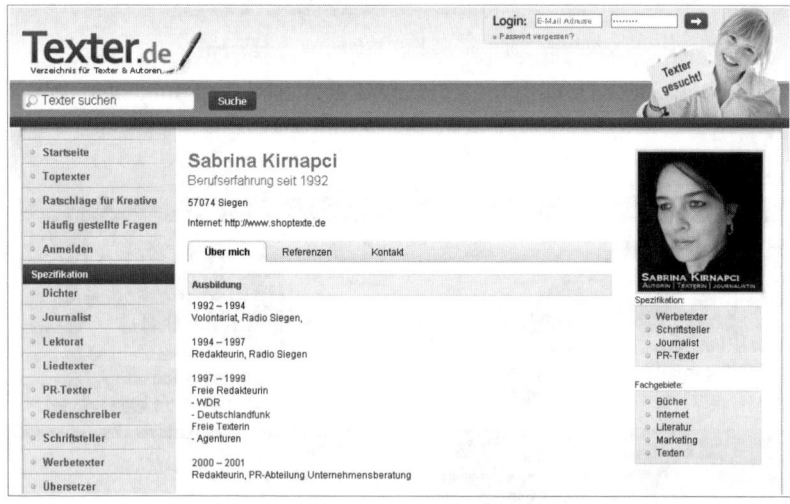

Abb. 10.6: Bei www.texter.de können Sie Texter nach Fachgebieten suchen (Dichter, Journalisten, Lektorat, PR-Texter, Schriftsteller, Werbetexter usw.) Die Texter stellen sich auf der Webseite mit beruflichem Lebenslauf und Referenzen vor.

Achten Sie darauf, dass das Textbüro sich mit Webtexten auskennt. Ein Texter, der vornehmlich für die Printwerbung arbeitet, hat nicht unbedingt Erfahrung bezüglich optimierter Webtexte. Da der Beruf des Texters nicht geschützt ist, sollten Sie immer auch einen Blick auf den beruflichen Werdegang des Freiberuflers werfen. Entsprechende Informationen werden normalerweise auf der Webseite des Dienstleisters veröffentlicht. Fehlen diese Angaben, sollten Sie unbedingt telefonisch nachfragen, welche Qualifikationen der Texter aufzuweisen hat.

Wer nicht lange im Internet nach Anbietern suchen möchte, kann die professionellen Netzwerke und Foren aufsuchen. Hier stellen sich die Texter meist mit einem Lebenslauf, Referenzen und ihrem Angebot vor.

Weitere professionelle Anlaufstellen:

Abb. 10.7: Bei www.xing.de können Sie Geschäftskontakte knüpfen und unter anderem nach bestimmten Dienstleistern suchen. Berufserfahrung und Fachgebiete entnehmen Sie den Profilen.

Abb. 10.8: Bei www.dasauge.de finden Sie neben Textern auch Agenturen, Designer, Fotografen und andere Kreative im Netz. Auch hier werden die Dienstleister mit Profil und Kontaktmöglichkeit vorgestellt.

Abb. 10.9: Bei www.tolingo.de können Sie Texte in andere Sprachen übersetzen lassen. Die Kosten können Sie vorab online berechnen.

Weitere Übersetzer-Webseiten:

`http://uebersetzer-link.de/`
`http://www.onehourtranslation.com/`

10.3 Das Briefing

Ganz gleich, ob Sie den Textauftrag auf eine Plattform einstellen oder ob Sie einen direkten Kontakt bevorzugen: Das Briefing ist das A und O für ein gutes Ergebnis. Nur, wenn der Texter weiß, was Sie machen, welche Zielgruppe angesprochen werden soll, welche Inhalte der Text schwerpunktmäßig haben soll und welche Suchbegriffe für Ihr Angebot wichtig sind, kann er einen optimierten Webtext erstellen. Achten Sie beim Briefing darauf, dass Sie dem Texter folgende Angaben machen:

- Infos über Ihr Unternehmen und Ihr Angebot
- Infos zur Zielgruppe
- Wo soll der Text veröffentlicht werden (Blog, Newsletter, Hauptseite…)?
- Welche Kernaussage soll der Text transportieren?
- Welche Details sind Ihnen wichtig und sollen erwähnt werden?
- Wie lang soll der Text sein?
- Welche Suchbegriffe sollen eingebaut werden?
- Welche Hintergrundinformationen können Sie zur Verfügung stellen?

Ein guter Texter wird nach den entsprechenden Infos fragen. Dennoch sparen Sie Zeit, wenn Sie sich direkt stichpunktartig die oben genannten Details notieren. Auch bei Preisanfragen sind die Informationen wichtig, damit der Texter den Arbeitsaufwand einschätzen und Ihnen ein Angebot machen kann.

10.4 Urheberrechte und Lizenzen

Das Urheberrecht kann in Deutschland nicht übertragen werden. Das bedeutet, der Texter bleibt immer Urheber des Artikels, ganz gleich, welche Rechte er Ihnen einräumt. Bezüglich der Rechte sollten Sie bei der Auftragsvergabe ganz genau nachfragen. Wenn Sie nämlich beispielsweise einen Webtext bestellen und diesen später für ein Printprodukt verwenden, kann es sein, dass der Texter Ihnen erneut eine Rechnung schickt mit der Begründung, dass Sie bislang nur die »Lizenz« für den Webtext bestellt und bezahlt haben.

Es gibt grundsätzlich vier Details, auf die Sie bei der Rechtevergabe achten sollten.

- Ist das Nutzungsrecht zeitlich eingeschränkt?
- Ist das Nutzungsrecht auf ein bestimmtes Medium begrenzt?
- Haben Sie das Recht, den Text zu verändern?
- Müssen Sie den Namen des Autors nennen?

Klären Sie diese Fragen unbedingt ab, bevor Sie den Text in Auftrag geben oder gar veröffentlichen. In der Praxis sieht es so aus, dass die Webtexter auf die Namensnennung verzichten und ein uneingeschränktes Nutzungsrecht vergeben. Doch sicher ist sicher! Bei Fragen zu Urheberrechten gibt es im Internet ebenfalls einige Anlaufstellen.

iRIGHTS.INFO
URHEBERRECHT UND KREATIVES SCHAFFEN IN DER DIGITALEN WELT

» ÜBER UNS   » IMPRESSUM

VERBOTENE FILME
» DOKUMENTATION
» BERICHT
» PRESSESCHAU
» LIVESTREAM
» ABENDVERANSTALTUNG
» MASHUP-ROLLE
» SIXTUS INTERVIEW
» ANKÜNDIGUNG
» PROGRAMM

PRODUZIEREN
» TEXTE
  » KOCHREZEPTE
  » PLAGIATE
  » ZITIEREN
  » PUBLIZIEREN
» FILME
» BILDER
» MUSIK
» SOFTWARE
» GAMES
» INTERNET

TEXT PRODUZIEREN
Es muss nicht immer High-Tech sein: Auch die ehrwürdige Kunst des
Büchermachens ist von den Veränderungen der Digitalisierung nicht
verschont worden. Dabei geht es nicht nur um die illegale Verbreitung von E-
Books, sondern auch um so alte Praktiken wie Abschreiben. Nur gibt es jetzt
das Internet als Vorlage. Texte veröffentlichen und verarbeiten, richtig
zitieren und übernehmen sind Themen, die hier behandelt werden.

TEXTE PUBLIZIEREN

**Ich schreibe, also
bin ich**

Paragraph 1 des
Urheberrechtsgesetzes
lautet: „Die Urheber von Werken der
Literatur, Wissenschaft und Kunst
genießen für ihre Werke Schutz nach
Maßgabe dieses Gesetzes." Das
klingt schlicht genug. Aber was
genau bedeutet dieser Satz für
Autoren? Welche Texte genießen
Schutz – und was folgt daraus für
ihre Verfasser? » mehr

PLAGIATE

**Abschreiben
verboten**

Aus einem Text zu
kopieren, nennt man
Plagiat. Aus zweien zu kopieren,
nennt man Forschung – diese
Definition des englischen
Schriftstellers John Milton ist nicht
nur scherzhaft gemeint. Sie bringt
auf den Punkt, wie schwierig es ist
zu entscheiden, wann man es mit
einem Plagiat zu tun hat. » mehr

Abb. 10.10: Bei irights.info können Sie sich über alle Punkte rund ums Urheberrecht im Internet informieren.

10.5 Künstlersozialabgabe

Viele Auftraggeber, die Freiberufler engagieren, versäumen es, dies der Künstlersozialkasse zu melden. Ein Fehler, der teuer werden kann, denn es kann passieren, dass die Prüfer der KSK auf sie zukommen und nachträglich die fälligen Beiträge für mehrere Jahre einziehen. Darüber hinaus können Strafen von bis zu 50 000 Euro verhängt werden.

Hintergrund: Wer regelmäßig mit Dienstleistern der freien, künstlerischen Berufe –beispielsweise mit Textern oder Grafikern – zusammenarbeitet, ist abgabenpflichtig. Das bedeutet, der Unternehmer muss die Aufträge der Künstlersozialkasse melden und einen bestimmten Prozentsatz vom Auftragswert in die Künstlersozialkasse einbezahlen. Hierbei spielt es keine Rolle, ob der beauftragte Freiberufler über die KSK versichert ist oder nicht.

Das Entgelt beruht auf dem Künstlersozialversicherungsgesetz. Der Prozentsatz der Abgabe wird regelmäßig neu festgesetzt. Nähere Informationen hierzu finden Sie auf der Seite der Künstlersozialkasse. Dort steht auch der Vordruck für die Anmeldung zum Download bereit. Darüber hinaus finden Sie Listen mit den relevanten künstlerischen Berufen und zahlreiche Hintergrundinformationen wie die entsprechenden Gesetzestexte und Kontaktinformationen.

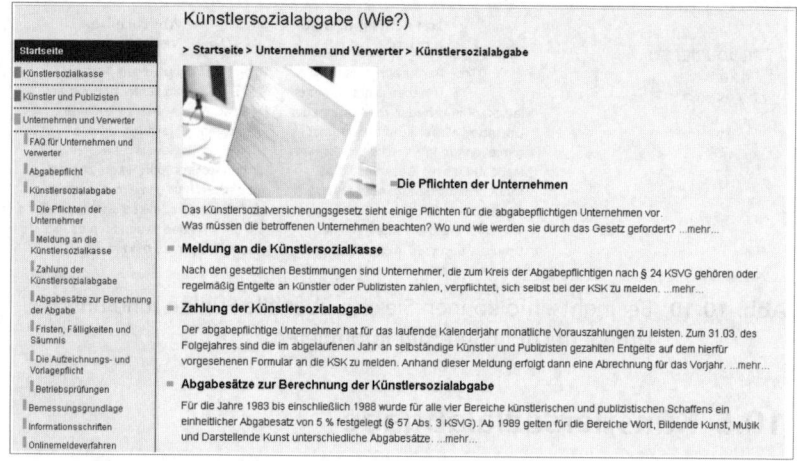

Abb. 10.11: Auf der Webseite der Künstlersozialkasse finden Sie alle Informationen zur Künstlersozialabgabe und zum Online-Meldeverfahren: http://www.kuenstlersozialkasse.de

Kapitel 11

Texter-Tools

Im Internet gibt es eine ganze Reihe nützlicher Programme, die für Texter interessant sind. Wer mit der neuen Rechtschreibung Probleme hat, einen Slogan braucht oder den Textstil überprüfen möchte, kann die kleinen Helfer im Netz teils kostenlos, teils kostenpflichtig in Anspruch nehmen.

Bei stilversprechend kopieren Sie den Text in ein Feld und erhalten nach dem Absenden einen kleinen Bericht, der unter anderem darüber Auskunft gibt, ob Ihre Sätze und Wörter zu lang sind, wie der Flesch-Wert aussieht, ob Wortdopplungen im Text vorhanden sind und ob sich Füllwörter und Floskeln eingeschlichen haben.

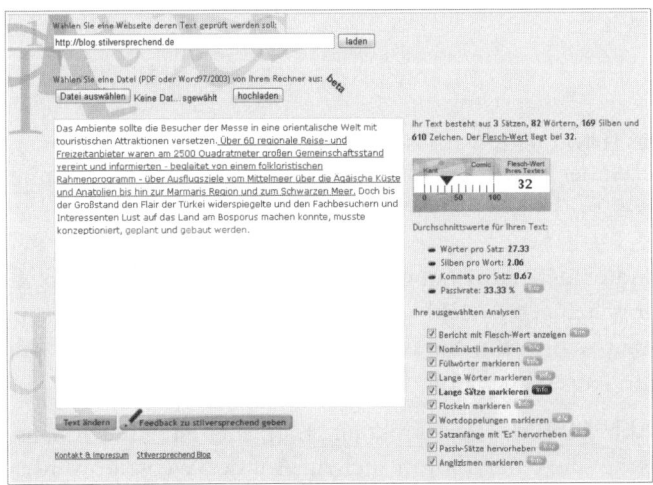

Abb. 11.1: Bei www.stilversprechend.de können Sie eine Webseite, einen Text oder ein PDF- oder Word-Dokument auf Stil und Lesbarkeit prüfen lassen.

Einem ähnlichen Konzept folgt der Füllwörter-Test im Schreiblabor. Hier ist der Name auch Programm. Die Füllwörter im Text werden angezeigt. Darüber hinaus finden sich auf der Webseite noch ein Text-Analyse-Tool, ein Realnamen-Generator und ein Fantasy-Namen-Generator. Letztere beiden sind natürlich in erster Linie für Schriftsteller interessant.

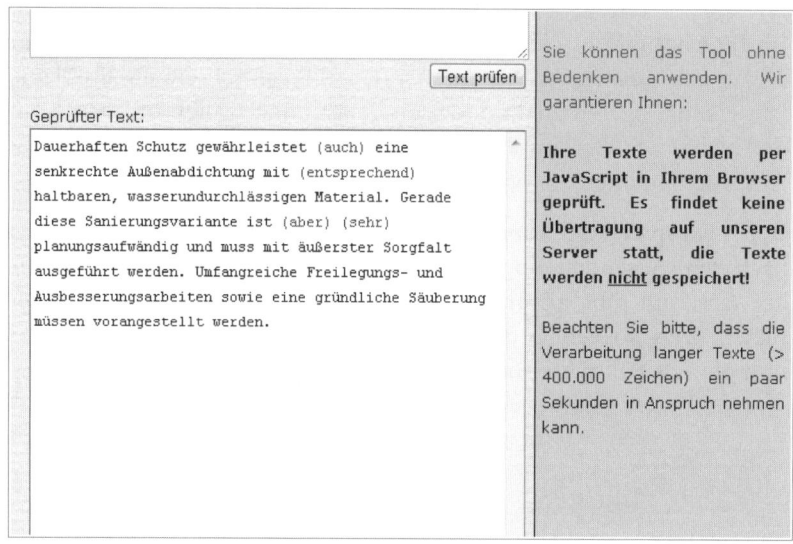

Abb. 11.2: Das Füllwörter-Tool bei www.schreiblabor.com markiert alle Füllwörter im Text. Sie können anschließend entscheiden, ob Sie diese Wörter streichen wollen.

Mit dem Blindtextgenerator (Abb. 11.3) erhalten Sie einen Beispieltext mit einer beliebigen Anzahl an Wörtern und Absätzen. Dies kann dann interessant sein, wenn Sie testen wollen, wie lang ein Text auf einer Webseite sein sollte, damit das Design passt.

Slogans.de (Abb. 11.4) ist nicht direkt ein Tool, aber ein guter Anlaufpunkt für Texter, die einen Slogan suchen. Auf der Webseite werden unter anderem die neuesten Slogans unterschiedlicher Unternehmen gesammelt. Eine hervorragende Inspirationsquelle – nur Abschreiben ist natürlich nicht erlaubt!

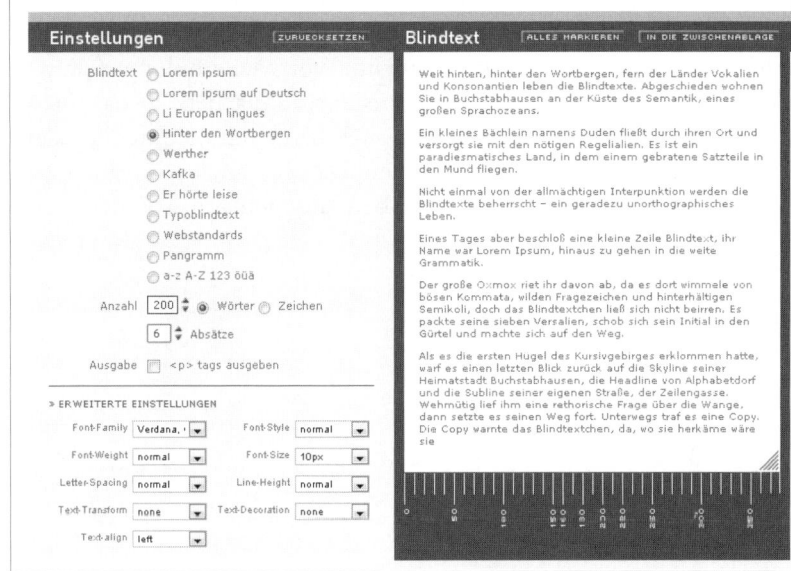

Abb. 11.3: www.blindtextgenerator.de – Neben der Anzahl der Wörter und Absätze können Sie hier auch aus verschiedenen Blindtexten wählen und Schriftarten und Schriftgrößen einstellen.

Marke	Slogan	Branche	Jahr	Agen
Der Patriot	Größte Tageszeitung im Wirtschaftsraum Lippstadt. neu	Medien	2011	[+]
CVAG	Willkommen in der Stadt der Moderne. neu	Transport	2011	[+]
Pharmig (AT)	Klare Antworten. neu	Gesundheit/Pharma	2011	[+]
Neuman Aluminium (AT)	Aluminium ist unsere Welt. neu	Technologie	2011	[+]
Namestorm	Wir machen Namen. neu	Marketing	2011	[+]
FSG Flensburger	Shipbuilders since 1872. neu	Verkehrsmittel	2011	[+]
DH Kommunikation	Wir sorgen dafür, dass Ihre Botschaften ankommen. neu	Marketing	2011	[+]
Sofort-Mail.de	So einfach wie Gassi gehen. neu	Internetdienste	2011	[+]
Oerlikon Mechatronics (CH)	Your path to a successful partnership. neu	Technologie	2011	[+]
Harris Interactive	Ahead of what's next. neu	Marketing	2011	[+]
Dreizunull	Dreizunull gewinnen. neu	Marketing	2011	[+]
Igus (AT)	Plastics for longer life. neu	Technologie	2011	[+]
AAF American Advertising Federation (US)	The unifying voice for advertising. neu	Marketing	2011	[+]
Textwerk	Wenn Sie was zu sagen haben... neu	Marketing	2011	[+]

Auswahl von 100 der neuesten Einträge in zufälliger Reihenfolge

Abb. 11.4: slogans.de

Jeder Texter sollte ein Synonymwörterbuch haben. Einerseits, um wichtige Suchbegriffe für die Suchmaschinenoptimierung zu ermitteln und andererseits, um unerwünschte Wortwiederholungen zu vermeiden und den Text abwechslungsreicher zu machen. Wer nicht auf klassischem Weg mit einem Wörterbuch hantieren möchte, der kann bei Woxikon nach Synonymen suchen. Darüber hinaus findet man auf der Webseite Sprichwörter und die Bedeutungen von Abkürzungen.

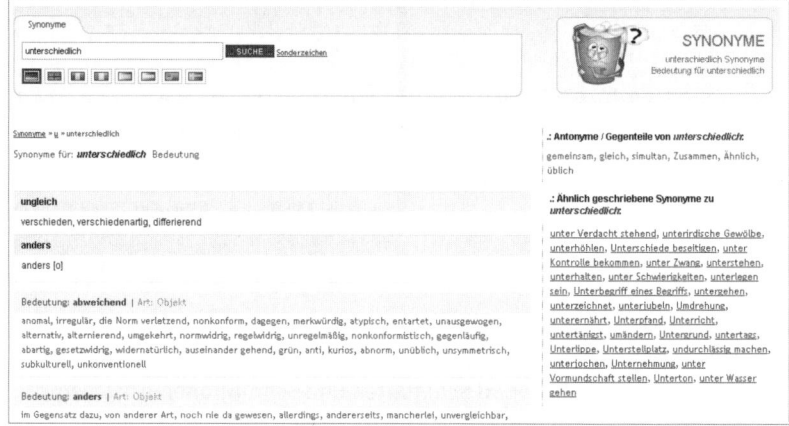

Abb. 11.5: Suche nach Synonymen auf www.woxikon.de

Die neue deutsche Rechtschreibung ist zwar nicht mehr neu, dafür aber für viele Webmaster noch immer ein Buch mit sieben Siegeln. Selbst erfahrene Texter sind mitunter unsicher. Bei canoonet können Sie einfach Ihren Text ins Feld kopieren und überprüfen lassen (siehe Abbildung 11.6).

Auch ein Übersetzungstool kann hilfreich sein, etwa wenn man die Bedeutung englischer oder französischer Begriffe ermitteln möchte oder aber gleich einen ganzen Text übersetzen will. Hier sei LEO empfohlen. Das Tool übersetzt englische, französische, spanische, italienische, chinesische und russische Wörter ins Deutsche (siehe Abbildung 11.7).

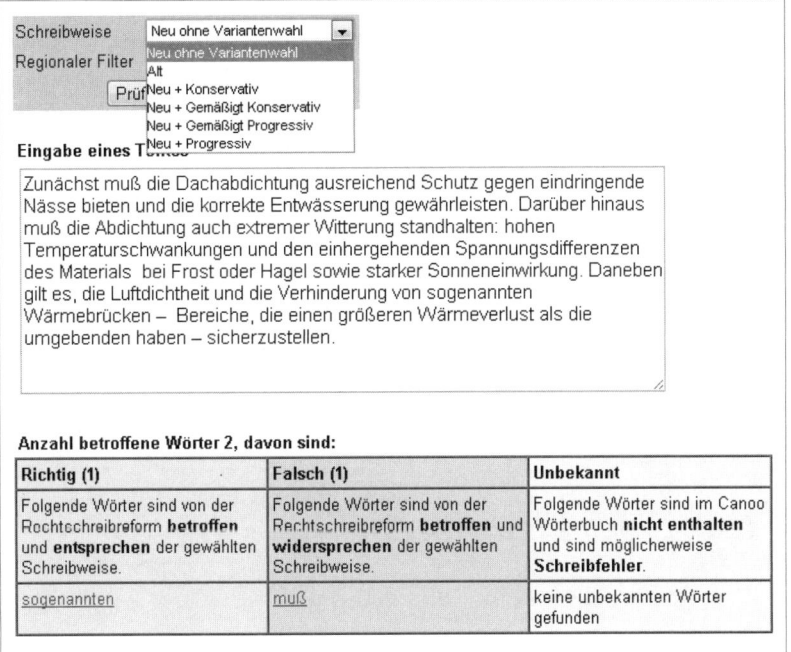

Abb. 11.6: Bei www.canoo.net wird Ihnen angezeigt, welche Wörter im Text von der Rechtschreibreform betroffen sind und ob sie richtig geschrieben wurden. Sie können hierbei verschiedene Prüfvarianten wählen.

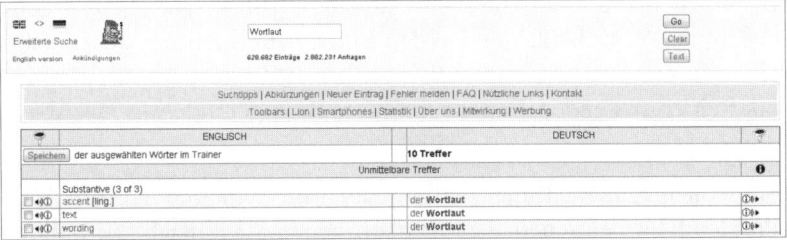

Abb. 11.7: Wörter übersetzen mit www.leo.org – Auf Wunsch kann man sich die Aussprache der Wörter per Klick auf den Lautsprecher anhören.

Redensarten können einen Text auflockern. Wenn man eine braucht, fällt einem aber nur selten eine ein. Der Redensarten-Index kennt beinahe alle Redensarten, Redewendungen, darüber hinaus idiomatische Ausdrücke und feste Wortverbindungen. Geben Sie einfach ein Stichwort ein und stöbern Sie in den Ergebnissen.

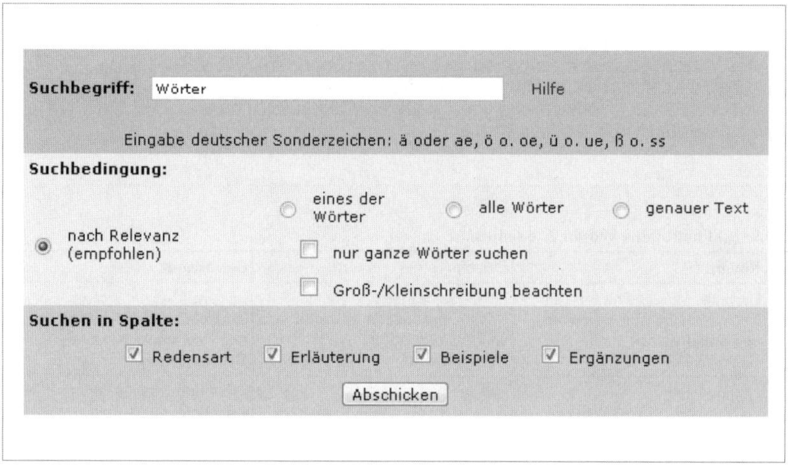

Abb. 11.8: Unter http://www.redensarten-index.de können Sie sich zu einem Stichwort passende Redensarten anzeigen lassen. Auf Wunsch werden Erläuterungen, Beispiele und Ergänzungen angezeigt.

Bei zitate.de können Sie sich Aussagen, Zitate und Sinnsprüche bekannter Persönlichkeiten auf den Bildschirm rufen. Sie geben dafür einfach ein Stichwort ein und schon haben Sie einen guten Einstieg oder einen passenden Endsatz für Ihren Text gefunden (siehe Abbildung 11.9).

Sie wollen reimen, Ihnen fehlen jedoch die richtigen Wörter? Kein Problem! Im deutschen Reimlexikon geben Sie einfach die Endung des Worts ein, für das Sie ein Reimwort suchen und schon erhalten Sie eine Liste mit Vorschlägen (siehe Abbildung 11.10).

Abb. 11.9: Hier können Sie Zitate nach Stichwort, nach Autor oder Kategorie suchen.

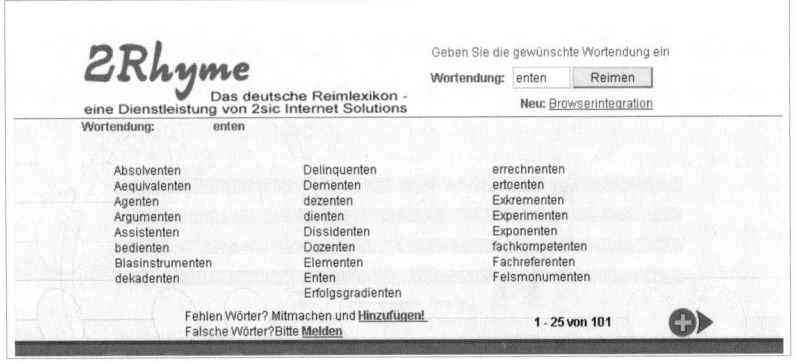

Abb. 11.10: Auf der Seite `http://www.2rhyme.ch` können Sie eine Wortendung eingeben. Das Tool schlägt Ihnen dazu passende Reimwörter vor.

Wer seine Texte aus dem Textverarbeitungsprogramm ins Content-Management-System oder den Blog lädt, der sollte dies ohne Formatierung machen, sonst kann es zu unschönen Ergebnissen kommen. PureText ist hier genau das richtige Werkzeug. Der Editor befindet sich nach der Installation in der Taskleiste und ist so mit einem Mausklick bereit zum Entfernen der Formatierungen.

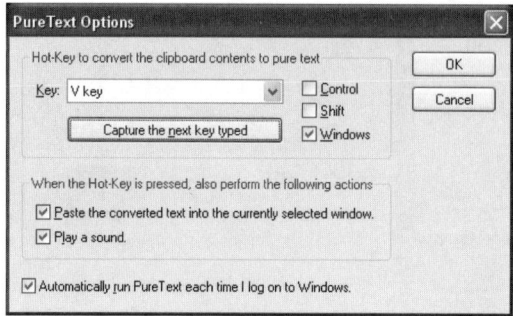

Abb. 11.11: PureText entfernt Formatierungen aus Texten. Das Tool können Sie sich unter `http://www.stevemiller.net/puretext/` herunterladen.

Wenn Sie häufig die gleichen Textbausteine verwenden, etwa in Mails oder Newslettern, können Sie viel Zeit und Arbeit sparen, indem Sie Phrase Express nutzen. Mit dem Programm verwalten Sie Textbausteine, die Sie dann ganz einfach im Textverarbeitungsprogramm einfügen können. Darüber hinaus vervollständigt das Tool Abkürzungen im Text und prüft die Rechtschreibung. Für Privatanwender ist Phrase Express kostenlos.

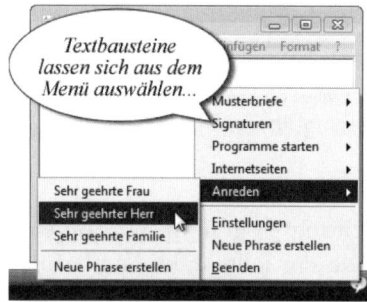

Abb. 11.12: Schneller Zugriff auf Textbausteine, Autovervollständigung und Rechtschreibkorrektur. Das Tool können Sie sich auf der Seite `http://www.phraseexpress.com/de/` herunterladen.

Insbesondere, wenn Sie Texte kaufen, sollten Sie vorsichtshalber überprüfen, ob der Text wirklich einzigartig ist, bevor sie ihn ins Netz stellen. Es gibt immer wieder schwarze Schafe unter den Textern, die sich dadurch Arbeit sparen, dass sie ganze Textpassagen von anderen Webseiten kopieren und als unique verkaufen. Mit Uncover können Sie den Text auf Duplikate im Internet prüfen lassen. Das Tool ist außerdem gut dazu geeignet zu überprüfen, ob eine Webseite im Netz von Ihnen geklaut hat. Geben Sie hierzu einfach den von Ihnen geschriebenen Text ein. Uncover zeigt dann an, ob und wo der Text noch im Internet zu lesen ist.

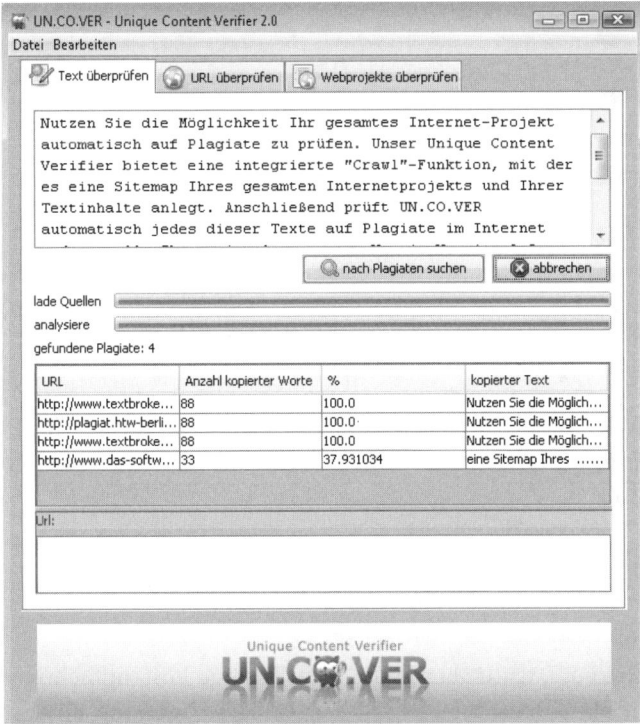

Abb. 11.13: Mit Uncover können Sie einen Text oder ein ganzes Webprojekt überprüfen. Die Plagiate im Internet werden Ihnen mit Anzahl der kopierten Worte und URL angezeigt. Das Programm können Sie hier herunterladen: `http://www.textbroker.de/uncover/`

Es ist nicht so einfach, die deutschen Wörter für Anglizismen zu finden. Viele Begriffe haben sich einfach so im Kopf festgesetzt, dass einem das deutsche Wort gar nicht mehr einfällt. Auf der Seite des Vereins Deutsche Sprache können Sie sich die Anglizismen übersetzen lassen.

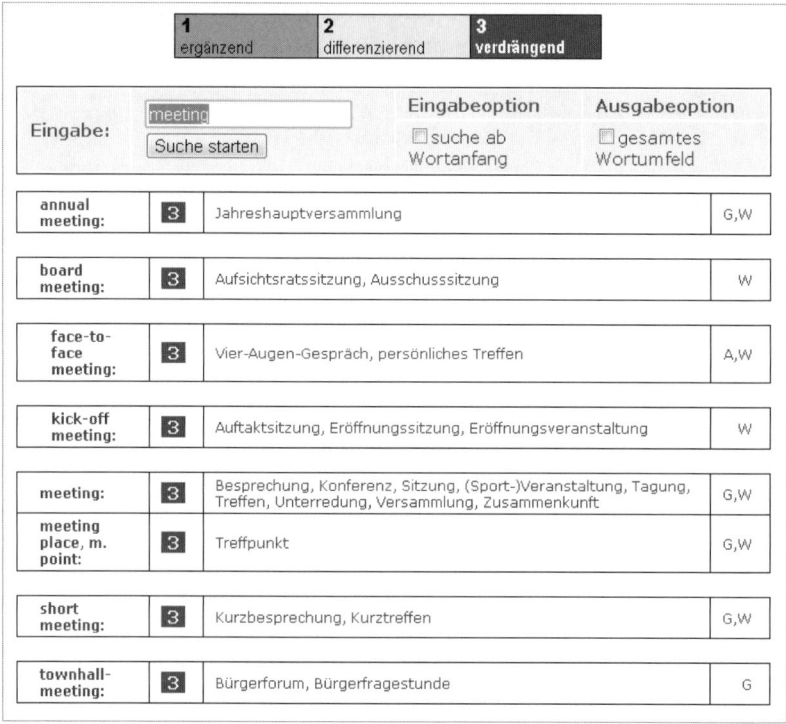

Abb. 11.14: Den Anglizismen-Index finden Sie unter:
`http://www.vds-ev.de/index`

Ein sehr umfassendes, dafür aber in der Profi-Version kostenpflichtiges Programm für Webtexter bietet LinguLab an. Die Software umfasst die Textanalyse, das Lektorat, die Suchmaschinenoptimierung und geht sogar auf die Barrierefreiheit Ihres Textes ein. Schritt für Schritt führt die Software Sie so durch die Sätze und zu einem optimalen Ergebnis.

Suchmaschinen

LinguLab prüft die SEO-Tauglichkeit von Texten. Die Software zeigt an, ob Texte suchmaschinenoptimiert sind und macht gezielt Vorschläge zur Optimierung.

→ Suchmaschinenoptimierung (SEO) mit LinguLab

Lektorat

Textoptimierung im Lektorat kann aufwändig und teuer sein. Die Software LinguLab prüft die Stil- und Web-Tauglichkeit von Texten aller Art.

→ LinguLab als Software für das Lektorat

Textanalyse

Mit LinguLab analysieren Sie die Stil- und Web-Tauglichkeit Ihrer Texte. Die Software prüft bei der Textanalyse insgesamt 27 Messgrößen und zeigt, ob Texte gut lesbar sind.

→ Textanalyse mit LinguLab für hohe Textqualität

Marketing

Suchmaschinenoptimierung hift die eigene Webseite bei Suchmaschinen möglichst weit nach oben zu bringen. Das Keyword-Marketing ist eng mit der Textoptimierung verbunden.

→ Keyword-Marketing für gute Webseiten-Platzierung.

Barrierefreiheit

Bei der Entwicklung und Programmierung von LinguLab war die Barrierefreiheit ein großes Thema. Verlassen Sie sich darauf, dass LinguLab für Jeden zugänglich ist!

→ LinguLab und die Barrierefreiheit

Applikationen & CMS

LinguLab kann natürlich auch in Ihre Applikationen eingebunden werden. Es stehen bereits für viele Applikationen und Content Management Systeme Plug-Ins bereit!

→ LinguLab und andere Applikationen

Abb. 11.15: Das LinguLab-Programm gibt es in einer kostenlosen und verschiedenen kostenpflichtigen Varianten: www.lingulab.de

Kapitel 12

Nützliche Formeln

Sie müssen kein Werbeprofi oder Sprachwissenschaftler sein, um gute Webtexte zu schreiben. Es kann aber nicht schaden, sich die Formeln der Profis einmal anzuschauen. Vielleicht können Sie hier und da ein paar Tipps für den Textaufbau und die Formulierungen nutzen, ohne dass Sie gleich in die Tiefen der Modelle einsteigen.

12.1 Der Flesch-Wert

Der Flesch-Wert sagt etwas über die Verständlichkeit eines Textes aus. Je höher der Flesch-Wert ist, desto verständlicher ist der Text. Die Lesbarkeitsformel beruht unter anderem auf den Satz- und Wortlängen.

Flesch-Wert	Textniveau	Typische Beispiele
über 80	banal	Comic, Luther-Bibel, Werbetext
71 - 80	sehr einfach	Boulevardzeitung
61 - 70	einfach	Kochrezept, Weblog
46 - 60	durchschnittlich	Online-Zeitung
36 - 45	schwierig	Allgemeine Geschäftsbedingungen, Gesetzestext
unter 35	sehr schwierig	Doktorarbeit

Abb. 12.1: Flesch-Wert-Tabelle auf der Webseite www.stilversprechend.de

Um den Flesch-Wert Ihres Textes zu ermitteln, müssen Sie in Zeiten des Internets nicht einmal mehr selber rechnen. Auf der Webseite stilversprechend.de beispielsweise können Sie Ihren Text kostenlos überprüfen lassen.

12.2 PPPP-Methode

Die vier »P« dieser Methode bedeuten: Picture, Promise, Proof und Push.

Sie erstellen einen Text nach folgendem Muster:

Picture: Sie malen mit Worten ein Bild. So beschreiben Sie beispielsweise einen schönen Urlaub, beruflichen Erfolg oder ein angenehmes Wohngefühl.

Promise: Es schließt sich das Versprechen an, dass dieses Wunschbild durch Ihr Angebot oder Ihre Dienstleistung in Erfüllung geht.

Proof: Nun führen Sie Beweise für diese Behauptung an. Dies können beispielsweise Kundenmeinungen, Referenzen, Umfragen oder Studien sein.

Push: Zum Schluss fordern Sie den Leser dazu auf zu handeln: Rufen Sie uns an…, Bestellen Sie jetzt…, Füllen Sie das Formular aus…

12.3 AIDA-Formel

Bei der AIDA-Formel geht es nicht um ein Kreuzfahrtschiff oder eine Oper sondern um »Attention, Interest, Desire, Action«.

Attention: Sie sorgen durch die Überschrift oder den ersten Satz für Aufmerksamkeit.

Die neue XYZ-Windel – Optimaler Schutz für Ihr Baby

Interest: Sie erlangen das Interesse des Lesers, indem Sie die Vorteile herausstellen.

Die Windel ist weich, saugfähig und passt sich den Bewegungen an.

Desire: Sie wecken im Leser durch emotionale Formulierungen den Kaufwunsch.

Schützen Sie die empfindliche Haut Ihres Babys.

Action: Sie fordern den Leser zum Handeln auf.

Bestellen Sie hier:

12.4 Hamburger Verständlichkeitsmodell

Der Name verrät es schon. Auch hier geht es um die Verständlichkeit eines Textes. Das Modell geht von vier wichtigen Punkten aus, die einen Text verständlich machen:

- Einfachheit
- Gliederung
- Kürze
- Anschaulichkeit

Im Prinzip haben Sie in diesem Ratgeber bereits alle Punkte des Hamburger Verständlichkeitsmodells erläutert bekommen. Insbesondere für Webtexte ist dieses Modell, das bereits vor über 30 Jahren von Psychologen entwickelt wurde, von großer Bedeutung.

12.5 Corporate Wording

Das Corporate Wording ist die Ausdrucksweise eines Unternehmens. Mit dieser Sprache wird beim Leser ein bestimmter Eindruck erzeugt. Ein Anbieter kann sich durch Formulierungen und Ansprache beispielsweise seriös, elegant, modern oder jugendlich darstellen. Wichtig ist, dass alle Texte im gleichen Stil geschrieben sind, damit ein Gesamtbild entsteht, das beim Kunden haften bleibt.

Überlegen Sie sich beispielsweise, ob Sie die Besucher Ihrer Webseite siezen oder duzen wollen, ob Sie eine moderne Jugendsprache bevorzugen oder ob ein gehobener Stil Ihr Angebot besser unterstreicht. Wenn Sie einmal »Ihre Sprache« gefunden haben, sollten Sie dabei bleiben.

Abb. 12.2: Die Bravo spricht ein junges Publikum an, duzt die Besucher und wählt eine lockere Ansprache.

Abb. 12.3: Eine Versicherung wie die DEVK siezt die Besucher und wählt eine etwas gehobene Ausdrucksweise, die die Seriosität unterstreichen soll: http://www.devk.de.

12.6 NNA

Das NNA-Modell gilt für News und ist recht einfach:

Eine Nachricht sollte neu sein.

Eine Nachricht sollte nützlich sein.

Eine Nachricht sollte aktuell sein.

Neu und aktuell sind hierbei nicht unbedingt gleichzusetzen. Die Aktualität bezieht sich auf Trends und Themen, die gerade im Gespräch sind, während das Neue eine spezielle Information zu diesem aktuellen Thema ist.

12.7 Das Karteikasten-System

Eine Internetseite ist keine Zeitschrift und auch kein Buch. Das bedeutet: Die einzelnen Unterseiten der Webpräsenz sind nicht aufeinanderfolgend und bauen auch nicht aufeinander auf. Jede einzelne Seite muss für sich stehen können und eine eigene Aussage/eigene Informationen transportieren. Zum besseren Verständnis können Sie sich die Webseite als einen Karteikasten vorstellen. Auf den einzelnen Kärtchen (Unterseiten) stehen jeweils Infos zu einem Stichwort.

Hintergrund: Der Besucher landet nicht zwangsläufig auf Ihrer Startseite und klickt sich dann systematisch weiter. Er kann auch über die Suchmaschine auf einer Unterseite mit einem speziellen Thema landen. Diese Seite sollte ebenso aussagekräftig sein und für sich selbst stehen können wie alle anderen Unterseiten. Als Empfehlung zum Weiterlesen dienen die Links, mit denen Sie auf andere Kärtchen im Karteikasten verweisen.

12.8 Maslowsche Bedürfnispyramide

Die Maslowsche Bedürfnispyramide hilft dabei, die möglichen Anliegen der Besucher zu ergründen, die hinter dem Interesse an einem Produkt oder einer Dienstleistung liegen. Generell gilt: Wenn die

Bedürfnisse einer Stufe befriedigt sind, kommen die nächsten zur Geltung.

1. Stufe:
Körperliche Bedürfnisse: Schlaf, Nahrung, Wärme, Gesundheit, Unterkunft, Kleidung, Aktivität

2. Stufe:
Sicherheit: Rechte, Ordnung, Schutz, finanzielle Absicherung, Zuhause

3. Stufe:
Soziale Bedürfnisse: Familie, Freunde, Partnerschaft, soziale Kontakte

4. Stufe:
Bedürfnis nach Anerkennung: Status, Respekt, Wohlstand, Geld, Einfluss, Erfolg, Stärke

5. Stufe:
Selbstverwirklichung: Individualität, Berufung, Erkenntnis, persönliche Weiterentwicklung

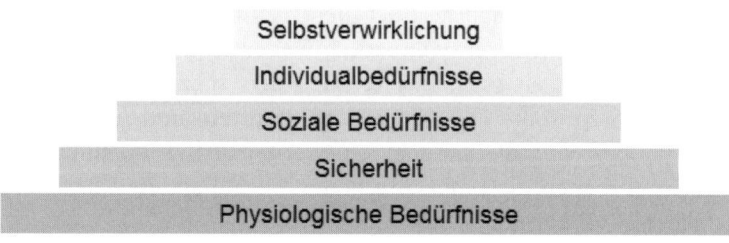

Abb. 12.4: Abbildung der Maslowschen Bedürfnispyramide auf Wikipedia:
http://de.wikipedia.org/wiki/Maslowsche_Bedürfnispyramide

Stichwortverzeichnis

Mario Fischer

Website Boosting 2.0

Suchmaschinen-Optimierung, Usability, Online-Marketing

2., aktualisierte und erweiterte Auflage

- Suchmaschinen: Marketing, Ranking, Keywords, Optimierung, Erfolgskontrolle

- Usability: optische Gestaltung, verständliche Navigation, Konversionsoptimierung

- Kundenbindung: Social Marketing, Affiliates, Weblogs, RSS-Feeds, Virales Marketing

Viele Unternehmen präsentieren sich im Internet mit eigenen Webseiten. Doch Hand aufs Herz: Nicht viele Firmen haben so richtig Erfolg damit. Die Zeiten, in denen man mit einfachsten Mitteln im Web Stroh zu Gold spinnen konnte, sind leider vorbei.

Sie möchten mithilfe Ihrer Website erfolgreicher werden? Neue Kunden gewinnen? Mehr Umsatz und Gewinn machen? Dann werden Sie mit diesem Buch sicherlich viele Aha-Erlebnisse haben und Ihrem Ziel näher kommen.

Mario Fischer zeigt Ihnen, wie Sie im Web aktiv Kunden „abholen" und sich für Suchende auffi ndbar machen. E-Commerce klappt jedoch nur, wenn Besucher nach dem Finden auch bleiben. Viele Unternehmen vergraulen ihre Kunden unbewusst durch unverständliche Navigation und komplizierte zu bedienende Webseiten. Dieses Buch zeigt, wie Sie es besser machen: Sie erhalten klare Hinweise, umsetzbare Anleitungen, praxisnahe Erläuterungen, viele Tipps zu Tools und zahlreiche Beispiele, die nicht selten auch zum Schmunzeln anregen.

Der **erste Teil** zeigt Ihnen, wie Sie mit Online-Marketing Kunden „holen" können, sei es durch traditionelles Online-Marketing wie Newsletter und Banner-Werbung oder ganz modern mit Affiliates und insbesondere Kundenbindung durch Social Marketing.

Im **zweiten Teil** geht es um die Herausforderung, vom Kunden über Suchmaschinen gefunden zu werden. Alles, was Sie brauchen und wissen müssen, um Ihre Webseiten für Suchmaschinen zu optimieren, finden Sie detailliert in diesem Teil.

Der **dritte Teil** widmet sich dem Thema Usability. Viele Erstbesucher entscheiden innerhalb einer Sekunde, ob sie auf Ihren Webseiten bleiben. Leicht zu verstehende Webseiten sind daher das Zaubermittel für Ihren Erfolg. Sie erfahren, auf was Sie bei der Gestaltung Ihrer Webseiten besonders achten müssen, wie Ihre Besucher „ticken", was sie von Ihnen erwarten und wie Sie diese Erwartungen optimal erfüllen. Sie lernen ebenfalls, wie Sie die Qualität Ihres Webauftritts abschätzen und mit eigenen Mitteln prüfen können.

Im **vierten Teil** stellt Ihnen der Autor nützliche Tools vor, die Sie bei Ihrer Arbeit im Web unterstützen. Diese umfassend aktualisierte und erweiterte Neuauflage des Bestsellers enthält zahlreiche neue Inhalte wie z.B. zum Affiliate und Social Marketing.

Götz Trillhaas, Head of Agency, Google Deutschland:
»Mit Website Boosting 2.0 hat Mario Fischer es wieder geschafft, alle Facetten und Trends des E-Marketings zu beleuchten – kurzweilig, gut recherchiert und fundiert. Ein Muss für jeden E-Marketer und hoffentlich auch bald eine Pflichtlektüre für deutsche Marketing-Studenten.«

Probekapitel und Infos erhalten Sie unter:
www.mitp.de/1703

ISBN 978-3-8266-1703-4

Dan M. Brown

Konzeption und Dokumentation erfolgreicher Webprojekte

Design und Planung von Websites strukturiert erstellen, dokumentieren und präsentieren

- ■ Anforderungs-Dokumente:
  User-Profile, Usability-Testpläne,
  Usability-Berichte

- ■ Strategie-Dokumente:
  Wettbewerbsanalyse, Konzeptmodelle,
  Content-Verzeichnisse

- ■ Design-Dokumente:
  Sitemaps, Flowcharts, Wireframes,
  Screen Designs

Eine strukturierte Planung und Dokumentation von Webprojekten inklusive der Absprachen mit dem Entwicklungsteam und dem Kunden ist der Schlüssel zu jedem erfolgreichen Webprojekt. Um ein gutes Konzept erfolgreich umzusetzen, müssen alle Aspekte gründlich geplant, dokumentiert, präsentiert und mit allen Beteiligten abgesprochen werden. Hierzu gehören die folgenden Elemente, die im Buch ausführlich besprochen werden:

Teil I behandelt die Anforderungsanalyse und -dokumentation. Die Menschen, die Ihre Website besuchen und mit ihr interagieren, spielen eine wesentliche Rolle für den Erfolg Ihrer Website und können in bestimmte Gruppen klassifiziert werden. Wenn Sie diese mit ihren Motiven, Zielen und Erwartungen verstehen und Ihre Website darauf ausrichten, können Sie ein erfolgreiches Design entwickeln. Teil I zeigt Ihnen, wie Sie Personas erstellen und anhand von Usability-Tests prüfen, wie die Zielgruppe auf Ihr Design reagiert. Hierfür brauchen Sie sowohl Dokumente über die Testplanung als auch über die Ergebnisse.

Teil II erläutert die Dokumente, die Sie für die strategische Planung benötigen: Sie lernen, wie Sie Wettbewerbsanalysen, Konzeptmodelle und Content-Verzeichnisse effizient erstellen, strukturiert dokumentieren und erfolgreich präsentieren.

In **Teil III** geht der Autor detailliert auf die wichtigsten Dokumente ein, mit denen Sie verschiedene Aspekte des Designs verdeutlichen: So können Sie mit Sitemaps die Struktur der Informationen auf der Website aufzeigen, mit Flowcharts die Prozesse visualisieren, mit Wireframes den Content einer Seite darstellen oder mit Screen Designs das Aussehen der fertigen Webseite zeigen. Zu allen Elementen erhalten Sie in diesem Teil ausführliche Informationen, wie Sie diese ansprechend erstellen und dem Team und dem Kunden nahe bringen.

Dan Brown zeigt Ihnen detailliert, wie Sie die einzelnen Dokumente ausarbeiten und bestmöglich präsentieren und im Team besprechen. Zusätzlich werden die Zielsetzungen, die jeweiligen Zielgruppen im Projektteam, Hintergründe und Fallstricke diskutiert. Sie erhalten Ratschläge für unterschiedliche Detaillierungsgrade in der Darstellung sowie wertvolle Tipps für die Präsentation und Diskussion im Team. Zahlreiche Beispiele aus der Praxis veranschaulichen die Arbeitsweisen. So sind Sie für die Umsetzung Ihrer eigenen Projekte bestens gerüstet.

Probekapitel und Infos erhalten Sie unter:
www.mitp.de/5507

ISBN 978-3-8266-5507-4

David Meerman Scott

Die neuen Marketing- und PR-Regeln im Web 2.0

Wie Sie im Social Web News Releases, Blogs, Podcasting und virales Marketing nutzen, um Ihre Kunden zu erreichen

2. Auflage

- Alle Möglichkeiten der webbasierten Kommunikation und Interaktion nutzen

- Marketing- und PR-Plan entwerfen und umsetzen

- Zahlreiche Fallstudien und Beispiele aus der Praxis

Das Internet hat die Art und Weise, wie Menschen miteinander kommunizieren und wie Unternehmen mit potentiellen Kunden interagieren können, grundlegend verändert. Während Zielgruppen früher nur durch aufwändige und teure Werbung erreicht werden konnten, bietet das Internet heute zahlreiche neue und effektive Wege, Kunden direkt auf sich aufmerksam zu machen und eine persönliche Beziehung mit ihnen aufzubauen.

Diese einzigartige Anleitung für zukünftiges Online-Marketing zeigt Ihnen, welches Potential die webbasierte Kommunikation, Social Media und Networking Sites Ihnen eröffnen, und vermittelt einen konkreten Vorgehensplan: Mittel zum Zweck im modernen Social Web sind News Releases, Blogs, Podcasting, Facebook, Twitter und Virales Marketing. Der Autor zeigt Ihnen, wie Sie Ihre Zielgruppen identifizieren, überzeugende Botschaften formulieren, diese an die richtigen Leute senden und die Konsumenten zum Kauf anregen.

Die aktualisierte und erweiterte Neuauflage veranschaulicht mit zahlreichen überzeugenden Fallstudien und Beispielen aus der Praxis detailliert den Umgang mit den neuen Herausforderungen und Chancen für PR und Marketing. So finden Sie in diesem Buch alles, was sie brauchen, um die neuen Regeln umzusetzen. Wenn Sie in Ihrem Metier erfolgreich sein wollen, vergessen Sie die Tradition, nutzen Sie die neuen Medien und handeln Sie nach den neuen Regeln für Marketing und PR.

David Meerman Scott ist ein preisgekrönter Online-Thought-Leadership-Stratege. Mit den von ihm entwickelten Marketing-Programmen wurden Produkte und Dienstleistungen im Wert von über einer Milliarde Dollar weltweit verkauft.

»Es ist eine unschätzbare Anleitung für jeden, der sich, seinen Ideen und seinem Unternehmen einen Namen verschaffen will.«
Mark Levy, Gründer von Levy Innovation, einem Unternehmen für Marketingstrategie

»Die neuen Regeln für Marketing und PR geben Ihnen einen präzisen Plan für erfolgreiches Handeln an die Hand. Scott beschränkt sich nicht auf die Darstellung einer einzigen Lösung, sondern zeigt, wie Sie mehrere Online-Tools kombinieren können, um den Bekanntheitsgrad Ihres Unternehmens zu steigern und im allgemeinen Gespräch zu bleiben.«
Roger C. Parker, Buchautor

»Dieser ausgezeichnete Blick auf die Grundlagen des Marketings im neuen Jahrtausend sollte seinen Weg in die Hände aller ernsthaft an ihrem Erfolg interessierten PR-Profis finden, die auch morgen noch dabei sein wollen.«
Publishers Weekly

Probekapitel und Infos erhalten Sie unter:
www.mitp.de/9070

ISBN 978-3-8266-9070-9

Jörg Dennis Krüger

Conversion Boosting
mit Website Testing

- Mit Website Testing quantifizierbare Ergebnisse erhalten
- Ihre Conversion-Rate deutlich steigern
- Ihre Website nachhaltig optimieren

Conversions sind der Schlüssel für den Online-Erfolg. Traffic (z.B. aus Suchmaschinen-Optimierung und -Marketing) ist zunächst nur die Grundlage für eine erfolgreiche Website. Die Conversion-Rate entscheidet jedoch darüber, ob eine Website wirklich Geld verdient.

Auf der Grundlage objektiver Analyseverfahren und mit den exakt quantifizierbaren Ergebnissen des Splittraffic-Testings lernen Sie die Besucher Ihrer Website kennen. Sie erfahren, wo Sie optimieren müssen, was die besten Optimierungsansätze sind und wie Sie die besten Ergebnisse bekommen. Auf Basis der Ergebnisse können Sie Ihre Website in die richtige Richtung optimieren und Ihre Conversion-Rate um ein Vielfaches steigern.

Der in diesem Buch beschriebene Prozess der Conversion-Steigerung besteht aus mehreren Optimierungsstufen. Zunächst definiert der Autor die Kriterien einer guten Conversion-Rate, um dann Schritt für Schritt die Voraussetzungen einer erfolgreichen Webanalyse zu erläutern. Dabei werden Methoden

wie Virtuelles EyeTracking, L.I.F.T.-Analyse und Google Browser Size vorgestellt. Sind damit mögliche Ansatzpunkte für die Optimierung ermittelt, gilt es diese systematisch zu testen und die Ergebnisse in eine längerfristige Online-Strategie einfließen zu lassen. Auch hierzu gibt der Autor einen praxiserfahrenen Einblick in Testtypen, -strategien und -Tools und schlägt Ihnen zum Abschluss konkrete Testideen zur Optimierung Ihrer Website vor.

Die Website zum Buch:
http://conversionboosting.com

Über den Autor:
Jörg Dennis Krüger hat mehr als 10 Jahre Erfahrung im Online-Marketing und ist spezialisiert auf die messbare Steigerung von Conversion-Raten. Als Senior Manager leitet und verantwortet er den Geschäftsbereich »Conversion-Optimierung« für ein internationales Performance-Marketing-Netzwerk mit Hauptsitz in München.

Probekapitel und Infos erhalten Sie unter:
www.mitp.de/9079

ISBN 978-3-8266-9079-2

Jim Sterne

Social Media Monitoring

Analyse und Optimierung Ihres Social Media Marketings auf Facebook, Twitter, YouTube und Co.

■ Awareness, Reichweite, Stimmung, Engagement und aktive Teilnahme messen

■ Wichtige Fans, Follower und Multiplikatoren identifizieren

■ Zahlreiche praxisnahe Beispiele

Bei dem Hype um Social Media Marketing mit Facebook, Twitter, Xing und Co. wird ein wichtiger Aspekt oft vergessen: Es ist wichtig, die Ergebnisse und den Erfolg Ihrer Social-Media-Maßnahmen zu messen. Nur so können Sie erkennen, ob sich die Investition lohnt, und Ihre Aktivitäten kontinuierlich verbessern.

Mit diesem Buch lernen Sie, Ihre Social-Media-Kampagnen zu analysieren. Jim Sterne zeigt Ihnen, wie Sie herausfinden, ob Ihre Kampagnen erfolgreich und welche Metriken hierfür relevant sind. So führen z.B. mehr Follower auf Twitter und Fans bei Facebook nicht unbedingt dazu, dass Sie letztlich einen besseren Return on Investment (ROI) erzielen.

Die Analyse der Awareness, Reichweite, Stimmung und Meinung zeigt Ihnen, ob Ihre Message ankommt. Wenn sie kommentiert und von bedeutenden Multiplikatoren weitergeleitet wird, ist das nur der erste Schritt. Erst die aktive Teilnahme von Menschen, die sich engagieren und eine nachhaltige Beziehung zu Ihrem Unternehmen eingehen, ist ausschlaggebend für Ihren Erfolg. Denn letztendlich nutzen Social Media Ihrem Unternehmen nur dann, wenn das Ergebnis Ihrer Aktivitäten für Ihre Unternehmensziele förderlich ist.

Eine Veränderung der Philosophie, ein Wandel der Strategie und brandneue Metriken sind der Schlüssel für den Marketingerfolg in einer vernetzten Welt. Andere Bücher erklären, warum Social Media für Ihren Unternehmenserfolg entscheidend sind und wie Sie partizipieren können. Dieses Buch geht einen Schritt weiter und zeigt Ihnen, was Sie messen, wie Sie vorgehen und welche Maßnahmen Sie aus den Ergebnissen ableiten sollten, um Ihre Social-Media-Programme zu verbessern.

Über den Autor:
Jim Sterne veröffentlichte schon 1994 die erste Seminarreihe »Marketing im Internet«. Heute ist er ein international anerkannter Fachmann für Digitales Marketing und Kundeninteraktion sowie Berater von Internet-Unternehmen. Er ist Gründer des eMetrics Marketing Optimization Summit und Mitbegründer der Web Analytics Association. Weitere Informationen finden Sie unter JimSterne.com.

Probekapitel und Infos erhalten Sie unter:
www.mitp.de/9094

ISBN 978-3-8266-9094-5

Alexander Beck

Google AdWords

- Aktuell zum neuen Interface

- Effektiver Aufbau Ihrer Kampagnen und Anzeigengruppen

- Erfolgreiche Keywords, Anzeigentexte und Landing Pages

- Conversion-Tracking, Return on Investment, Auswertung und Optimierung Ihrer Kampagnen

Sie präsentieren sich im Internet mit einer eigenen Web-site und wollen endlich von potentiellen Kunden gefunden werden? Sie wollen Ihr Budget im Internet so effektiv wie möglich einsetzen?

Bei jeder Google-Suchanfrage haben Sie die Möglichkeit, über Google AdWords neue Kunden zu gewinnen und mehr Umsatz zu machen. Mit AdWords müssen Sie nicht nach dem Kunden suchen, sondern Sie lassen sich von ihm finden. Zahlen müssen Sie für die Anzeige nur, wenn ein User tatsächlich auf Ihre Website kommt. Noch nie war Marketing so flexibel. Denn mit AdWords können Sie Ihre Anzeigen haargenau auf die Suchanfrage des potentiellen Kunden abstimmen. Alexander Beck zeigt Ihnen ausführlich, wie Sie AdWords gezielt als wertvolles Tool für Ihre Marketingaktivitäten einsetzen.

In diesem Buch lernen Sie umfassend alle Aspekte von Google AdWords kennen und wie Sie diese mit allen Finessen einsetzen, um den größten Erfolg aus Ihren Kampagnen herauszuholen:

Sie lernen, wie Sie mit der richtigen Struktur Ihrer Kampagnen und einem hohen Qualitätsfaktor tatsächlich Geld sparen; wie Sie passende Keywords und Anzeigentexte so erstellen und testen, dass Sie von den richtigen Usern gefunden werden; wie Sie mit einer erfolgreichen Landing Page aus Besuchern Kunden machen; wie Sie Ihre Kampagnen auswerten und daraus weitere Optimierungen erreichen und wie Sie Ihren Erfolg mit Conversion-Tracking und Google Analytics richtig beurteilen und verbessern.

Mit diesem Buch werden Sie AdWords-Profi! Alexander Beck vermittelt Ihnen anhand zahlreicher praxisnaher und anschaulicher Beispiele, wie Sie AdWords erfolgreich anwenden, und gibt Ihnen klare Hinweise und Anleitungen, wie Sie Ihre Ziele erreichen.

Die 2. Auflage behandelt alle Verbesserungen des neuen Web-Interfaces wie z.B. integrierte Berichte und bessere Auswertungsmöglichkeiten. Des Weiteren ist dem Content-Netzwerk ein eigenes Kapitel gewidmet.

Probekapitel und Infos erhalten Sie unter:
www.mitp.de/5890

ISBN 978-3-8266-5890-7